生猪
高效养殖问答
一本通

周元军　史耀旭◎编著

中国农业出版社
北　京

作者简介

周元军，男，中共党员，1983年毕业于山东农业大学动物医学专业，研究生学历。现为临沂大学教授，中国管理科学研究院特聘研究员，中国农业大学兼职硕士生导师，中国农民大学客座教授，北京世纪科环生态农业研究院特约研究员，中央人民广播电台乡村之声宣传顾问，山东省委组织部"名师送教"专家，山东省农业广播电视学校特聘教授，山东省高素质农民首席培训师。

主要从事养猪与猪病防治、农牧企业经营管理的教学、科研和农业实用技术推广工作。出版《养猪300问》《轻轻松松学养猪》《图说高效养猪技术》《高效养蝎子》等著作20余部，发表学术论文200多篇，主持和参与国家级、省（市）级科研课题6项。

作者简介

  史耀旭，男，1980年出生，河南省宝丰县人，2022年东北农业大学博士毕业。现任河南牧业经济学院教师，兼任中农威特生物科技股份有限公司副总经理。主要从事口蹄疫疫苗的开发和应用。发表论文10余篇，其中SCI文章1篇，参编著作1部，获得农业农村部三类兽药证书2个和省部级奖励1项。

　　随着乡村振兴战略全面推进实施，以及无抗饲料的广泛应用，我国养猪业发展迎来了新的机遇与挑战。生产中，饲料原料价格和养殖成本不断攀升，规模化养殖企业产能持续释放，猪肉产品供需紧平衡状态缓解，活猪市场热度下降，养殖效益趋于平稳向好。在养猪业转型升级的关键时期，及时关注提质、降本、增效、安全等高效饲养技术，向养殖生产管理各环节要效益，将成为养猪业发展的关键词和主旋律。

　　现代专业化养猪是以密集的技术为先决条件，只有掌握了先进的技术才能实现优质、高产、高效、安全、低风险，才能取得较高的投资收益率和经济效益。基于当前我国养猪业的实际情况，为了让产业迸发新的活力和竞争力，利用现代专业化养猪新技术提升我国养猪业整体生产水平，利用地方资源优势和特有模式打造养猪特色产业，让人们真正吃上绿色安全放心猪肉，我们编写了《生猪高效养殖问答一本通》。

本书以有问必答的形式，配以近300幅图片，回答了养猪生产实际中常遇到的约200个问题，包括猪的类型与品种、营养与饲料、繁殖与杂交、仔猪生产、肉猪生产、猪场规划与建设、疫病防治、经营管理等方面，同时针对代表性问题录制了短视频，读者可通过扫描二维码观看。本书内容整体科学、实用，可操作性强，可供农村知识青年、打工返乡者等创办猪场以及生猪养殖场（户）相关技术人员和经营管理人员阅读，也可以作为高素质农民培训的辅助教材和参考书。全书的统筹规划及第二、三、四、六、八部分的编写由周元军负责，第一、五、七部分的编写由史耀旭负责。

本书在编写过程中，得到了许多同仁的关心和支持，谨致以诚挚的谢意！由于时间仓促和编者水平有限，书中疏漏和不妥之处在所难免，敬请读者批评指正，也欢迎读者就书中的问题与我们进行探讨。

编著者

2023年12月

目 录
CONTENTS

四、仔猪生产

五、肉猪生产 ……………………………………………… 77

八、家庭猪场的经营管理

视频目录
CONTENTS

一、猪的类型与品种

1. 专业养殖户养什么种母猪好？

　　根据国内外相关报道及养猪实践证明，养殖户以喂养杂交一代母猪最好，因为大多数杂交一代母猪具有明显的杂种优势（图1-1）。这种母猪兼有父母亲本的优点，生活力、耐受性及抗病力得到增强，遗传缺损、死亡率减少，繁殖性能强，母性好，产仔数多且均匀，成活率高，仔猪断奶体重大，成活率高，耐粗饲，增重快，饲料转化率高，易饲养管理，经济效益好。

图1-1　具有产仔优势的杂交一代母猪

对于农村散养户，饲养土杂二元母猪（用本地优良母猪与外来优质瘦肉型公猪杂交而获得的母猪）为宜；规模猪场设施条件较好，以饲养外二元母猪（如用长白猪与大约克夏猪进行杂交所获得的母猪）为宜。

2. 我国地方猪种可划分为几种类型？

依据猪种起源、体形特点和生产性能，按自然地理上的分布，将我国地方猪种划分为六大类型，即华北型、华南型、华中型、江海型、西南型、高原型（表1-1）。

表1-1 我国地方猪种划分

品种	代表猪种
华北型	东北民猪、西北八眉猪、黄淮海黑猪、汉江黑猪、沂蒙黑猪
华南型	两广小花猪、香猪、滇南小耳猪、海南猪、粤东黑猪、槐猪、隆林猪、五指山猪、蓝塘猪
华中型	金华猪、华中两头乌猪、宁乡猪、湘西黑猪、赣中南花猪、大围子猪、大花白猪、龙游乌猪、闽北花猪、嵊县花猪、乐平猪、杭猪、玉江猪、五夷黑猪、清平猪、南阳黑猪、皖浙花猪、莆田猪、福州黑猪
江海型	太湖猪、虹桥猪、姜曲海猪、阳新猪、东串猪、圩猪、台湾猪
西南型	荣昌猪、内江猪、关岭猪、乌金猪、湖川山地猪、成华猪、雅南猪
高原型	藏猪

3. 我国优良地方猪种及培育猪种主要有哪些？

我国优良的地方猪种有100余种，具有突出特点的猪种有东北民猪、香猪、两广小花猪、内江猪、宁乡猪、金华猪、华中两头乌猪、太湖猪、陆川猪、荣昌猪、成华猪、藏猪等（图1-2至图1-5）。

视频1

图1-2　东北民猪母猪

图1-3　金华猪母猪

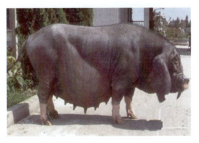

图1-4　太湖猪母猪

图1-5　陆川猪母猪和仔猪

　　我国培育猪种主要有哈尔滨白猪、上海白猪、新淮猪、沂蒙黑猪、三江白猪、北京黑猪、湖北白猪、苏太猪、军牧1号白猪等（图1-6至图1-9）。

图1-6　哈尔滨白猪公猪

图1-7　上海白猪母猪

图1-8　新淮猪母猪

图1-9　北京黑猪母猪

4. 我国引进的优良猪种主要有哪些？

我国引进的国外优良猪种主要有长白猪、大约克夏猪（大白猪）、杜洛克猪和皮特兰猪（图1-10至图1-13）。这些猪种具有生长速度快、瘦肉含量高和饲料利用率高等优点。

图1-10　长白猪母猪

图1-11　大白猪母猪

图1-12　杜洛克猪公猪

图1-13　皮特兰猪母猪

5. 太湖猪有什么生产性能优势？

太湖猪属于江海型猪种，由二花脸猪、梅山猪、枫泾猪、嘉兴黑猪和横泾猪等地方猪种组成，主要分布在长江下游，江苏、浙江和上海交界的太湖流域。太湖猪母性好，高产性能强，初产平均每窝产仔12头，经产母猪平均每窝产仔16头以上，三胎以后每窝可产20头，优秀母猪窝产仔数达26头，最高纪录为42头。太湖猪性成熟早，公猪4～5月龄精子的品质即达到成年猪水平；母猪3月龄即出现发情现象，且母性强，仔猪哺育率及育成率较高（图1-14、图1-15）。太湖猪母猪体型中等，全身被毛黑色或青灰色，毛稀疏。梅山猪的四肢为白色，腹部呈紫红色，头大额宽，额部和后躯皱褶深密，耳大下垂，形如烤烟叶。太湖猪四肢粗壮，腹大下垂，臀部稍高，乳头8～9对，最多13对。太湖猪是世界上产仔数最多的猪种，尤以二花脸猪、梅山猪最高，享有"国宝"之誉。由于太湖猪具有高繁殖力的特性，世界许多国家都引入太湖猪与当地猪种进行杂交，以提高本国猪种的繁殖力。

图1-14 太湖猪母猪

图1-15 太湖猪哺乳母猪

6. 长白猪有什么生产性能优势？

长白猪原产于丹麦，是世界上第一个育成的、分布广泛的瘦肉型品种，是丹麦本地猪与英国大白猪杂交，经过长期系统选育形成的。

长白猪全身被毛白色，头小清秀，颜面平直，耳大前倾，体躯长，背微弓，腹部平直，腿臀肌肉丰满，四肢健壮，整个体形呈前窄后宽流线型。有效乳头6～8对，成年母猪体重300～400千克，成年公猪体重400～500千克（图1-16）。

公猪　　　　　　　　　　　　　　母猪

图1-16　长白猪

在良好的饲养条件下，长白猪生长发育迅速，5月龄体重可达90千克以上。体重90千克时屠宰率为70%～78%，胴体瘦肉率为55%～63%。母猪性成熟较晚，6月龄达性成熟，10月龄可开始配种。母猪发情周期为21～23天，发情持续期2～3天，初产母猪窝产仔数9头以上，经产母猪窝产仔数12头以上，60日龄窝重300千克以上。

由于丹麦长白猪生产性能高，遗传性稳定，一般配合力好，杂交效果显著，所以在我国各地广泛用作杂交的父本。其杂交种生长快、饲料转化率高、胴体瘦肉率高，颇受养殖户欢迎。

7. 大约克夏猪有什么生产性能优势？

大约克夏猪又叫大白猪，原产于英国，是世界著名瘦肉型品种。该品种猪体格大，体型匀称，全身被毛白色，头颈较长，颜面微凹，耳薄而大且稍向前直立，身腰长，背平直而稍呈弓形，腹部平直，胸深广，肋开张，四肢高而强健，肌肉发达。有效乳头6～7对。成年母猪体重230～350千克，成年公猪体重300～500千克（图1-17）。

公猪

母猪

图1-17　大约克夏猪

大白猪增重速度快，饲料转化率高，6月龄体重可达100千克以上，体重90千克时屠宰率为71%～73%，胴体瘦肉率为60%～65%。母猪性成熟较晚，一般6月龄达性成熟，8～10月龄可开始配种。母猪发情周期为20～23天，发情持续期3～4天。初产母猪窝产仔9头以上，经产母猪窝产仔12头以上。

⏵【提示】由于大白猪体质健壮，适应性强，肉品质好，繁殖性能也较好，因此越来越受到养猪生产者的重视。大白猪不仅可以作为父本与我国培育猪种、地方猪种杂交，而且既可以作为父本，又可以作为母本与引进猪种杂交。

8. 杜洛克猪有什么生产性能优势？

杜洛克猪原产于美国，原为脂肪型猪，后经选育成为瘦肉型品种，是世界四大著名猪种之一，分布很广。杜洛克猪以全身毛呈红色为突出特征，色泽从金黄色到棕红色，深浅不一。头小清秀，嘴短直，两耳中等大小、略向前倾，颜面稍凹。体躯瘦长，胸宽而深，背略呈弓形，腿臀部肌肉发达丰满，四肢粗壮结实，蹄壳呈黑色（图1-18）。

公猪   母猪

图1-18 杜洛克猪

杜洛克猪适应性强，生长发育迅速，饲料转化率和瘦肉率高，容易饲养。成年母猪体重300～390千克，成年公猪体重340～450千克。90千克屠宰时，屠宰率为71%～73%，胴体瘦肉率为60%～65%。杜洛克猪性成熟较晚，母猪在6～7月龄开始第一次发情，发情周期为21天左右，发情持续期为2～3天。初产母猪窝产仔数9头左右，经产母猪窝产仔数10头左右。

> ➡️【提示】因杜洛克猪繁殖能力不如其他几个国外猪种，故在商品猪的生产中多用作三元杂交的终端父本，或二元杂交的父本。

9. 选购种猪应注意哪些问题？

（1）**做好进猪前的准备工作**　在进猪前1周，对猪舍进行全面清洗、消毒（图1-19）。进猪前2天对猪舍加温，温度控制在26～30℃，湿度小于70%；并准备好种猪料、电解多维、黄芪多糖粉、小苏打片，以及防腹泻、感冒和应激等药物。

图1-19　消毒猪舍

（2）**购猪前应了解相关情况**　例如，应了解购猪当地有无疫病流行，猪场运营是否正常、有无发病史，是否有种畜禽生产经营许可证；同时要了解种猪的饲养方式、是否脱温饲养、饲粮构成及类型、日喂次数、断奶时间、防疫情况等。

（3）**观察外貌特征**　从所选种猪的头型大小、耳朵大小和形态、被毛颜色、四肢长短和结实状况等方面，观察是否与其品种外貌特征相符合。

（4）**检查有无遗传疾患**　主要指生殖器官应发育正常，公猪睾丸应大小整齐、均匀一致，无阴囊疝、脐疝、隐睾现象。对已经进入繁殖年龄的公猪，要求精液质量良好。母猪不能有乳头内陷（俗称"瞎乳头"），乳头排列均匀，有7对以上；阴门明显，没有损伤和畸形。

（5）所选购种猪应健康无病　种猪尾巴应摇摆自如，精神活泼，粪便成团、松软适中；尾部无黏液，皮毛红润，无红点、红紫斑；食欲旺盛，腹部饱满，可初步鉴定为健康猪。同群中若发现有一头猪不健康，则全群都不能选购。

（6）相关证明材料齐全　购买种猪时必须索要种畜禽合格证明、家畜系谱、当地动物防疫监督机构出具的检疫合格证明（有畜禽标识）、运输车辆消毒证明、非疫区证明（购买商品仔猪只需要后三个手续即可），必要时也可索要销售发票。

（7）安全运输　装车前让猪吃饱饮足，途中一般不要补饲；装车密度不宜过大；运输要平稳，防止颠簸；注意防暑、保暖和通风（图1-20），尽量缩短运输时间。

图1-20　装车运输

二、

猪的营养与饲料

10. 养猪常用的饲料有哪些？

养猪常用的饲料主要有以下几种（图2-1）：

养猪常用饲料
- 蛋白质饲料：包括鱼粉、豆粕（饼）、花生粕（饼）、棉籽粕（饼）、菜籽粕（饼）、血粉、肉粉
- 能量饲料：包括玉米、稻谷、大麦、甘薯等
- 粗饲料：包括干草、秕壳、砻糠等
- 青饲料：包括青草、野菜、水生饲料、块根、块茎等
- 青贮饲料：包括青贮玉米秸秆、青贮花生秧、青贮苜蓿等
- 矿物质饲料：包括食盐、贝壳粉、蛋壳粉、骨粉、石粉等，以及用于补充微量元素的饲料
- 饲料添加剂
  - 营养性添加剂：包括维生素、微量元素、氨基酸等
  - 非营养性添加剂：包括促生长剂、驱虫剂、防腐剂、抗氧化剂、食欲增进剂及产品质量改良剂等

图2-1　养猪常用饲料

11. 市售商品饲料有哪些？

市场上销售的商品饲料主要有配合饲料、浓缩饲料、添加剂预混合饲料等。

12. 如何选择市场上的猪用饲料？

现在市场上饲料的品种很多，选择时不要盲目，可以先向同行了解情况。一般来说，应尽量选择正规厂家生产的饲料产品，因为这类厂家对原料的采购和饲料的检验都很严格，产品的质量相对有保证。如果能做饲喂对比试验，则更能判断饲料的品质。

13. 用配合饲料养猪有什么好处？

配合饲料是指根据饲养标准科学地将几种饲料（原料）按一定比例混合在一起形成的营养比较全面的饲料，又称全价配合饲料。用配合饲料养猪有以下好处：

（1）促进生长　由于配合饲料是根据不同品种类型、不同生长阶段、不同生产目的猪营养需要而设计的饲料配方，所以配制成的饲料营养平衡，营养物质利用率高，可促使猪快速生长。

（2）合理利用各种饲料资源配合饲料在生产时是将几种饲料原料混合使用，各种饲料原料之间营养物质相互补充，可以合理地利用和发挥各种原料所含营养元素的作用，从而减少浪费（图2-2）。

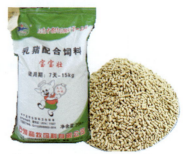

图2-2　配合饲料

（3）预防营养不足　配合饲料中的微量元素、维生素和氨基酸等添加剂，对猪的生长发育极为有利，可防止营养不足、缺乏和中毒现象，可以抑制病原微生物的生长，减少疾病发生。

（4）降低成本　配合饲料可直接用于喂猪，无须再加工、煮泡，可以节省劳动力和燃料，降低养猪成本，提高经济效益。

14. 什么叫饲养标准？

根据猪的不同性别、年龄、体重、生产目的和生产水平，以生产实践中积累的经验为基础，结合能量和营养物质代谢试验及饲养试验的结果，科学地规定一头猪每天应该给予的能量和营养物质的数量，称为饲养标准。目前使用的饲养标准主要有国际标准（ISO）、国家标准（GB）、行业标准（NY）、地方标准（DB）和企业标准（QB）。

饲养标准包括日粮标准和每千克饲粮养分含量标准两项基本内容。日粮标准即规定每头猪每天需要喂多少风干饲料，包括日增重、日采食量以及日粮所含的消化能、粗蛋白、氨基酸、钙、磷、微量元素和多种维生素等指标。每千克饲粮养分含量标准的具体指标同日粮标准。在生产实践中，一般均是按照每千克饲粮养分含量标准设计饲料配方，然后按日粮标准规定的风干饲料量定额投料饲喂，或不限量饲喂。

15. 农户自配饲料应注意哪些问题？

（1）合理选择原料　原料品种要多样化，以6种以上为宜，以达到营养成分互相补充的目的。原料适口性要好，并注意因地制宜，就地取材，宜选用营养成分高、价格便宜、来源有保障的原料。所选原料的体积应与猪消化道容积相适应，体积过大，消化道负担过重，影响饲料的消化吸收；体积过小，虽然营养得到满足，但猪仍有饥饿感，表现急躁不安，影响其生长发育。

(2) 加工调制要合理 对玉米、豆类、稻谷等籽实类原料要粉碎，豆类、棉籽饼均要煮沸，以破坏胰蛋白酶抑制素和棉酚毒；菜籽饼要去除芥酸等，以提高饲料的消化率。

(3) 混合要均匀 各种原料按照配比称重后，先把玉米、麸糠、饼粕类等数量多的基础原料混合均匀，再加入含量较少的其他原料继续混合均匀。

(4) 科学存放管理 农户自配饲料应遵循随配随用的原则，配制好的饲料不宜长期保存，以防发生霉变。一般自配饲料夏季存放20天左右，冬春季节存放时间可稍长一些。存放时要注意室内通风、透光、干燥，做到无毒、无鼠害、无污染。

16. 颗粒饲料是干喂好还是水泡饲喂好？

颗粒饲料属于配合饲料的一种，喂猪时一般不宜加水。颗粒饲料是全价配合粉料熟化后经颗粒饲料机压制而成，虽然制料过程中某些营养物质受到损失，但饲料在短时高温高压下发生一定糊化，并杀死了一些病原微生物及寄生虫卵，使豆类中的某些不利于消化吸收的有害物质钝化。此外，直接饲喂颗粒饲料，具有适口性好、消化率高、便于投食、损耗小、不易发霉等优点。颗粒饲料如果水泡后饲喂，尤其是加水过多时，猪食入后饲料与消化液的接触面小，不利于消化、吸收；另外，水泡后还会引起水溶性维生素丢失。因此，颗粒饲料宜直接饲喂，不宜再用水浸泡后饲喂（图2-3）。

图2-3 颗粒饲料不宜水泡饲喂

17. 怎样识别伪劣配合饲料？

识别配合饲料的伪劣，一般通过感官鉴定，即"一看、二闻、三触、四听、五尝"。

一看，即通过视觉观察饲料颗粒的大小、性状、色泽，混合是否均匀，色泽是否一致，有无霉变、结块、虫蛀及异物、夹杂物等（图2-4）。

图2-4　视觉识别饲料

二闻，即通过嗅觉闻饲料固有的气味，优质饲料有油脂香味或不太强的鱼腥味，无霉变、腐臭、氨臭、焦臭等异味。有腐败气味或异常刺激性气味的均为劣质饲料（图2-5）。

三触，即取少量饲料放在手上或塑料袋内，用手指捻动饲料感觉粒度的大小、硬度、黏稠性、有无夹杂物或水分多少等（图2-6）。若用手握紧饲料，松开后饲料不散，则说明饲料含水量过高，这种饲料放置时间过长易发生霉变。将手插入饲料有热感，说明饲料已开始发霉。

图2-5　嗅觉识别饲料

图2-6　触觉识别饲料

四听，即将手插进饲料中搅动听其声音，若发出类似金属振动的声音，则说明饲料干燥；而含水量过高或潮湿的饲料搅动时无此声（图2-7）。

五尝，即抓取少许饲料放在口内，咀嚼品尝其是否含有泥沙、锯末及其他异物、异味（图2-8）。

图2-7 听觉识别饲料　　　　图2-8 味觉识别饲料

18. 使用饲料添加剂应注意哪些问题？

（1）首先要掌握饲料添加剂的特点、功效、协同或颉颃作用、剂量和用法等，然后根据猪的日龄、体重、健康状况等有的放矢地使用，切勿滥用。

（2）必须按说明书严格控制剂量，遵守注意事项，不要随意变更用量。

（3）使用时，务必搅拌均匀。

（4）带有维生素的添加剂勿与发酵饲料掺水拌合后贮存，勿煮沸食用。

（5）维生素添加剂，无论是水制剂还是粉制剂，加水拌合时水温不得超过60℃，以免高温破坏其有效成分。

（6）注意配伍禁忌，使用添加剂应注意它们之间的互补与颉颃作用，如尽量避免矿物质添加剂与维生素添加剂一起使用，以

免氧化失效。

（7）各种抗生素添加剂应交替使用，避免单一添加饲喂，以防猪体产生抗药性。

（8）饲料添加剂应存放在干燥、阴凉、避光、通风的地方，勿暴晒、受潮，一般贮存期勿超6个月，最好是现购现用。

19. 如何使用预混料喂猪？

预混料是全价配合饲料的核心部分，内含各种氨基酸、矿物质、维生素、保健品、营养改良剂、保存剂、诱食剂等成分，又称为添加剂预混料。将预混料与稻谷（或玉米）、米糠、棉籽饼（或菜籽饼）、青绿饲料等按照猪只不同生长阶段需要的营养配比，即可获得与全价配合饲料同样的饲喂效果。

（1）**饲料配方** 取1%或4%预混料，按照比例要求，与玉米、豆粕或豆饼等一起粉碎，再加入麦麸后混合均匀，即成混合饲料。

（2）**饲喂方法** 上述混合饲料（干粉料），宜采取湿拌饲喂（图2-9），即500克饲料加750克水浸泡30～40分钟，待饲料被泡软而无水后，用手抓松散不成团，此时喂猪消化吸收好，不浪费饲料，料重比能降低0.3以上。也可将混合饲料放入汤水中拌匀后饲喂（水分不能太多，以将粉料泡软而无多余水分为宜），同时每天每头猪添加青绿饲料1千克，日喂3次，另供给充足的清洁饮水。

图2-9 混合饲料湿拌喂猪

（3）**注意事项**

①预混料不能直接用于喂猪，需要与其他饲料（蛋白饲料、

能量饲料等）配合后才能使用。

②用预混料喂猪，不必再添加其他药物和饲料添加剂。

③严禁将预混料加入40℃以上的热水中或放入锅内煮沸后喂猪，否则会失去饲用价值。

20. 如何使用浓缩料喂猪？

浓缩料是指按照畜禽饲养标准，将各种蛋白质原料（如鱼粉、豆粕）与一定比例的添加剂混合而成的饲料。浓缩料中各种必需氨基酸、维生素和无机盐的含量都比较充分，不必另外添加，一般来说可占饲料的25%～40%。在使用时只需添加玉米等能量饲料稀释后即可喂猪，饲喂方法同预混料。混合好的干粉料，最好不要直接喂猪，因为猪会用嘴在饲料中挑挑拣拣，不仅会造成浪费，有时还会将粉尘吸入呼吸道，引起咳嗽或炎症；干喂不利于猪消化吸收，有时还会引起胃炎。

21. 饲料多样化喂猪有什么好处？

猪体生长发育和繁殖过程中需要各种营养物质，但在单一化的日粮中，往往营养物质不全面，不能满足猪的需要，必须多种饲料搭配饲喂。这样可以发挥蛋白质的互补作用，从而提高蛋白质的消化率和利用率。例如，只用玉米面喂猪，其蛋白质的利用率为51%；只用骨肉粉喂猪，则蛋白质利用率为41%；如果将2份玉米和1份骨肉粉混合喂猪，则蛋白质利用率可提高到61%。

青饲料中各种营养物质较全面，搭配饲料时应给予充分供应。常年给猪喂青绿饲料，则猪的食欲旺盛，生长发育快，皮光毛顺，健康无病。

22. 用发酵饲料喂猪有什么好处？

（1）改善饲料的适口性，增重明显　饲料经发酵后其纤维素、淀粉、蛋白质等复杂的大分子有机物在一定程度上能被降解为猪容易消化吸收的单糖、双糖、低聚糖和氨基酸等小分子物质；同时，饲料在发酵过程中还会产生并积累大量的微生物及有用的代谢产物，发酵后的饲料具有酸香味，营养丰富，猪爱吃且采食量大幅增加，饲料转化率提高10%～20%，每头猪可节约饲料成本50～150元。

（2）饲喂安全　发酵饲料中存在大量的有益菌（主要为乳酸菌）及其代谢产物，能有效抑制肠道内病原微生物的滋生，预防腹泻等肠道疾病，且可预防猪咬尾、贫血等现象，尤其是对猪的肠道健康有益。

（3）增强猪体的免疫力　发酵饲料能增强猪体的代谢调节能力和抗应激能力，提高猪的综合免疫力和抗病能力，消化系统疾病明显减少，猪皮红润，毛顺光滑，生长速度快，育肥猪100天即可出栏。

（4）改善猪肉的品质　发酵饲料能快速、有效地降解饲料中药物、激素、抗生素和重金属的残留，提高瘦肉率，改善猪肉的品质，达到绿色、有机食品标准。

（5）改善饲养环境　发酵饲料能降低环境中硫化氢、氨气排放量，减少蚊蝇滋生，净化饲养环境，减少猪呼吸道疾病的发生。

23. 养猪使用益生素有哪些好处？

益生素又称促生素或生菌剂，是指具有防止腹泻和促进动物生长作用的微生物制剂。因其没有抗生素的残留、耐药性等问题，对动物无不利影响，应用前景比较广阔，特别是对提高猪的健康水平、促进生长具有良好的作用。目前，适用于猪的益生素制剂主要有乳酸杆菌制剂、双歧杆菌制剂、枯草杆菌制剂等（图2-10）。

图2-10　猪用益生素

24. 如何制作和使用发酵饲料养猪？

取100千克市场上购买的配合饲料，或自己配制的全价混合饲料，加入200克粗饲料降解剂，然后加适量清水（冬季80千克清水，夏季120千克清水）搅拌均匀，装入发酵容器中发酵处理。采用自制简易型塑料袋抽真空法，即发酵容器中装入发酵物料后，为达到完全密封的效果，再在容器外罩一个大的塑料袋，并将塑料袋抽真空（图2-11）。

一般冬季需要发酵15天以上，夏季需要发酵5天以上方可开始使用（图2-12）。使用时将发酵饲料以5%～10%的比例添加到日粮中喂猪，效果较好。

图2-11　饲料发酵

图2-12　完成发酵的饲料

【提示】随着畜牧养殖业的快速发展，人畜争粮的矛盾日趋突出，为解决这一问题，世界各国都在寻找和研究新的饲料资源，其中发酵饲料倍受重视。

25. 怎样用松针粉喂猪？

松针粉含有粗蛋白7%～12%、粗脂肪7%，并含有胡萝卜素及17种以上氨基酸，用松针粉喂猪效果较好。将加工好的松针粉按3%～5%添加量拌入饲料喂猪，既能提高母猪排卵数量，增加受胎数，又能增强仔猪抗病能力，提高其成活率，增加断奶重，减少仔猪白痢的发生，还能驱除猪体内的寄生虫，促进育肥猪的生长，提高瘦肉率。

松针粉的制作方法如下（图2-13）：

秋冬季采集松针　　摊开松针自然干燥至　　将干松针粉碎至粒度
　　　　　　　　　含水量低于12%　　　　1.2毫米以下

用尼龙袋或塑料袋包装　　贮存于避光、通风、干燥处

图2-13　松针粉的制作步骤

26. 猪皮红毛亮一定是吃了"好料"吗?

许多人认为"皮红毛亮"是猪健康、生长快的表现。实际上,养猪过程中如果使用有机微量元素,就可以有效促进猪的健康生长,充分发挥猪的生产潜能,达到"皮红毛光"的效果。例如,适量增加锌含量也能通过酶的作用,促使猪的上皮组织完整性得到改善,进而改变皮毛色泽,使毛色发亮。另外,仔猪补铁、补硒也会使皮红毛亮,身体健壮且长得快,增重显著,而且所用药剂成本不高。但在实际生产中,有些饲料厂家为了使猪皮肤发红,超量使用有机砷制剂(现已禁止使用)(图2-14),甚至在饲料中加入大量砒霜,使猪的皮肤发红,这样除直接损害猪肉消费者的健康外,还间接地通过猪粪还田导致不可逆转的土壤砷污染。

图2-14　使用有机砷制剂
使猪皮红毛亮

【提示】国家环保总局于2008年将有机砷饲料添加剂纳入第一批"高污染、高环境风险"产品名录中。

27. 为什么水对猪的生长繁殖具有重要的作用?

水是猪体内各器官、组织的重要组成成分,体内营养物质的输送、消化、吸收、转化、合成、排泄及体温调节等活动都需要水分。猪体的3/4是水,初生仔猪机体的含水量可达90%。猪每天

需要大量的饮水，试验证明，如果猪缺水达体重的20%，则会危及生命。

由于猪的生产性能和饲喂方式不同，猪体对水的需要量也不一样。一般情况下，仔猪出生后至8周龄需水量随日龄的增加而减少（图2-15）；生长育肥猪在不限量采食、自由饮水的条件下，10～22周龄期间水料比平均为2.56∶1；非妊娠青年母猪每天饮水约11.5千克，妊娠母猪增加到20千克，哺乳母猪多于20千克。日粮中脂肪和蛋白质多时猪的需水量增加，且夏季比冬季需水量多。

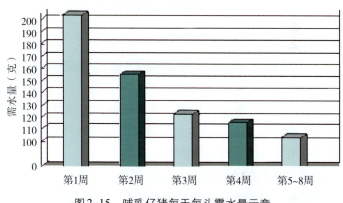

图2-15　哺乳仔猪每天每头需水量示意

28. 蛋白质对猪的生长繁殖有什么作用？

蛋白质由各种氨基酸组成，含碳、氢、氧、氮和硫等多种元素。蛋白质既是构成猪体组织、细胞的基本成分，也是修补机体组织的必需物质，组织器官的蛋白质通过新陈代谢不断更新。精液的生成，卵子的产生，各种消化液、酶、激素和乳汁的分泌，都需要蛋白质。如果日粮中蛋白质含量太低，猪的生长将受限，体重下降，饲料转化率降低，繁殖机能将发生紊乱（图2-16）。

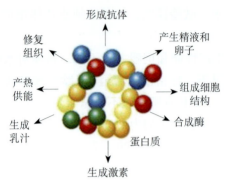

图 2-16　蛋白质对猪体的作用

29. "无抗"养猪技术的推广及应用有哪些要求？

"无抗"养猪，即无抗生素、激素养猪，也就是在养殖过程中，不在饲料中长期添加抗生素、激素以及其他外源性药物，以实现健康养殖为目的一种养猪技术。

目前养猪生产的大环境和小环境都存在多种复杂的病原，要进行无抗养猪，猪场首先应根据自身特点，反复进行小范围试验，比较效果并进行综合分析，制定系统的、适合本场具体情况的疫病防控方案。主要从猪的品种、营养、环境、生物安全和饲养管理等环节着手，完善管控系统，提高猪群抗病力，合理使用治疗药物，最终生产出合格、安全、无抗生素残留的食品。通过无抗饲料认证的企业，将获准使用无抗产品认证标志（图 2-17），并可向社会公示，表明自身产品无抗生素添加。

图 2-17　无抗产品认证标志

> 【提示】农业农村部发布第194号公告，要求自2020年7月1日起，饲料中禁止添加抗生素，彻底解决饲料中抗生素滥用的问题，从而促进无抗养殖业的健康发展。

三、

猪的繁殖与杂交

30. 后备母猪有何生长特点？

猪体组织的生长在不同时期和不同阶段各有侧重（图3-1）。4月龄以前，母猪骨骼生长速度最快，4月龄以后逐渐减慢；4月龄以上的后备母猪消化器官比较发达，消化机能和机体适应环境的能力逐渐增强，是内部器官发育的生理成熟时期；4～7月龄肌肉生长快；6月龄以后体内开始沉积脂肪。

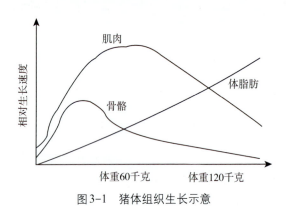

图3-1 猪体组织生长示意

　　生长快的小母猪，其繁殖的能力就强，故应在后备母猪生长最快的时期，给予良好的培育条件，以获得较好的成年体重和繁殖成绩。

31. 怎样选留后备母猪？

　　(1) **亲本的选择**　育种猪场要从核心母猪与优秀公猪的后代中挑选，商品猪场也必须是血统清楚的优秀公、母猪的后代。种公猪要生长发育良好、饲料转化率高、胴体瘦肉率高、无遗传隐患。后备猪应从优良母猪的后代中选留，要求种母猪要产仔多、哺乳力强、母性好，且产仔2窝以上，窝产仔猪数多，初生重大。

　　(2) **仔猪出生季节的选择**　选留后备母猪一般多在春季进行，因为春季气候温和，光照时间长，青饲料资源充足，仔猪易饲养，到当年8—9月猪的体况、体质和生理机能均已成熟，能准时参加配种。

　　(3) **仔猪的选择**　仔猪出生后，从哺乳期开始注意挑选初生重较大、生长发育好、增重快、体质强壮、断奶体重大、有效乳头不少于14个（排列整齐均匀、无瞎乳头）、外形无严重缺陷的小母猪，猪群头数应是选留猪的2.5～3倍。后备猪从断奶到初次配种，根据不同生长发育时期的特点，一般要进行4次筛选，选留优异个体（图3-2）。

图3-2　后备母猪的选择程序

　　(4) **终选**　仔猪断奶后，公、母猪分开饲养，直到小母猪体重达到65千克左右时，依据其亲本的性能，再参考个体发育情况，从同窝仔猪中挑选长得快、体型大、无缺陷的仔猪留作种用

（图3-3）。选留的小母猪按5～10头分组饲养，并在10天内每天将成年公猪放入母猪群中20分钟，凡是在18～24天发情，且发情征兆明显，四肢、乳头数、生长速度和背膘厚度等指标均符合本品种特征的，可鉴定为合格的小母猪，在其第三次发情时可进行配种。

图3-3　终选出的后备母猪

在选留的后备母猪产下头胎仔猪后，还要根据其繁殖情况再进行一次选择，选优淘劣。

32. 怎样饲养管理后备母猪？

在饲养上，当后备母猪体重达到50千克以上时，要采取限制饲喂，阻止其自由采食，以免腹部下垂和过于肥胖。为此，要控制后备母猪的喂食量（可根据一次饲喂后，猪自动离开食槽时所摄入饲料的数量判定），每天饲喂3餐，其中早晨饲喂量为35%，中午为25%，下午为40%。并随仔猪的增重、食量及粪便形状的变化逐渐增加喂给量。

在管理上，要做到以下几点：

（1）**适当运动**　适当运动既可促进猪体骨骼和肌肉的正常发育，保证其匀称结实的体型，防止过肥或肢蹄不良，又可增强其体质和性活动的能力，防止发情失常和生产力低下。后备母猪每天都应适当运动1～2小时。可放入运动场运动，也可放牧或在道路上驱赶运动，每天上午和下午各运动1次。放牧可使后备母猪充分接触土壤，还可采食一些青草、野菜，补充营养。

（2）**及时淘汰**　按照育种要求，应及时将不符合种用要求的初选后备母猪予以淘汰，作育肥用。

（3）**做好卫生防疫工作** 保持栏舍清洁卫生，根据传染病的发病规律，做好各种预防免疫工作，并定期进行胃肠道和体外寄生虫的驱虫工作，以确保后备母猪健康生长。

（4）**掌握初配年龄** 为了提高繁殖率，必须掌握后备母猪的初配年龄，了解每头母猪的发情规律，适时配种（表3-1）。

表3-1　不同品种猪性成熟年龄和体重

品种	性成熟年龄		体重
	公猪	母猪	母猪
地方猪种	2~3月龄	3~4月龄	30~40千克
培育和引进猪种	4~5月龄	5~6月龄	60~80千克

33. 发情母猪什么时候配种最为适宜？

为使发情母猪适时配种，比较实用而准确的方法是掌握母猪发情以后的表征，根据表征选择配种时机，可归纳为"四观察"法。

一观察阴户：发情母猪阴户由充血、红肿变为紫红暗淡，肿胀开始消退，出现皱纹（图3-4）。

二观察黏液：进入适配期的母猪，往往从阴门流出浓浊黏液，并粘有垫草。

三观察表情：适配期母猪呆滞，喜伏卧，用双手按压母猪背部，母猪呆立不动（又称静止反射）（图3-5）。用手推按其臀部时不拒绝，反而向人

图3-4　适配期母猪阴户的变化

手方向靠拢，此时配种受胎率
最高。

四观察年龄：俗话说"老
配早，少配晚，不老不少配中
间"，即老龄母猪发情持续期
短，当天发情下午配种；后备
母猪（年龄小）发情期较长，
一般于第3天配种；中年母猪

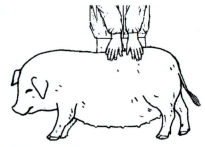

图 3-5　母猪发情适配期静止反射示意

（经产母猪）宜在第2天配种。只要适时配种，一般配种一次即可
成功。但为了确保受胎，增加产仔数，通常进行重复配种，即用
同一公猪，隔8～12小时再交配一次。

对于个别母猪，特别是引进品种（如长白猪），往往无法发现
任何明显的发情表征，常造成失配空怀，影响繁殖。因此，必须
注意观察母猪发情情况，或采用公猪试情，抓住时机，适时配种。

34. 如何促进母猪正常发情和排卵？

（1）公猪诱导　用试情公猪追逐久不发情的母猪，或将公猪
和母猪关在同一栏内，可刺激母猪发情排卵（图3-6）。

（2）控制哺乳时间　将母、仔猪分栏饲养，以控制仔猪吃乳
次数。母仔分栏饲养后，一般3周龄仔猪间隔4小时哺乳一次，1
月龄仔猪间隔6～8小时哺乳一次，间隔哺乳6～9天后母猪就可以
发情配种（图3-7）。

（3）并窝饲养　将产仔数少的母猪所产的仔猪全部寄养给其
他母猪哺育，使产仔少的母猪不再哺乳，即可再次发情配种。

（4）仔猪提早断奶　仔猪7～10日龄时开始诱食教槽料，使
其25日龄时进入旺食期，28日龄左右断奶，并可全部采食全价配
合饲料，这样母猪也可提早发情配种。

图3-6 公猪诱导刺激母猪发情   图3-7 母仔分栏控制哺乳时间

(5) **按摩乳房** 空怀母猪或后备母猪在早晨喂料后，使母猪侧卧在地面上，饲养人员的整个手掌由前往后反复按摩母猪乳房，以母猪乳房皮肤微显红色及按摩者手掌有轻微发热时为度（图3-8）。一般需按摩10分钟，每天1次，待母猪有发情征象后，将手指半曲成环状，围绕母猪乳头周围做圆周运动，先表面按摩5分钟，再深层按摩5分钟。此种方法不仅可以促进母猪乳房和生殖器官的发育，而且还能促进母猪发情排卵。

图3-8 按摩母猪乳房

(6) **户外活动** 对长期不发情的母猪，可在晴天放到户外晒太阳，并由饲养人员驱赶母猪运动半小时，每天如此，不要间断，即可促进母猪发情排卵。

(7) **激素催情** 常用三合激素（每毫升含丙酮睾丸素25毫克、黄体酮125毫克、苯甲酸雌二醇15毫克），一次肌内注射2毫升，5天内母猪发情率可达92%以上。对因内分泌紊乱引起发情障碍的母猪，也可以试用三合激素催情。

35. 给母猪配种时应注意哪些事项？

（1）**防止近亲交配** 近亲交配会产生退化，使产仔数减少，死胎、畸形胎大量增加，即使产下活的仔猪，也往往体质弱、生长缓慢。因此，一般应事先制订配种计划，并严格按照配种计划执行。

（2）**公、母猪体型不能差别太大** 如果母猪太小或后腿太软（太瘦），公猪体型过大，则配种时易使母猪腿部受伤（图3-9）。如果公猪体型过小，母猪体型过大，则配种不能顺利进行（图3-10）。

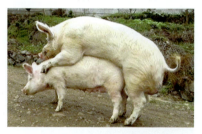

图3-9　种公猪体型偏大　　　　图3-10　种公猪体型偏小

（3）**公猪采食后半小时内不宜配种** 因为采食完的公猪腹内充满食物，行动不便，此时配种不仅影响配种质量，而且配种时公猪的劳动强度大，体力消耗较多，影响其食物消化。

（4）**选择一天中合适的时间配种** 夏季中午太热，配种应在早、晚进行。冬季早晨太冷，配种应适当延后，尤其要注意下雪天气，气候寒冷，地面滑，不利于猪的交配，因此不要在雪地上配种。

（5）**配种场地不宜光滑** 光滑的地面，再加上交配时精液等洒在地上，特别容易使公、母猪滑倒。

36. 怎样判断母猪是否妊娠？

（1）**根据发情周期判断** 猪的发情周期大致为3周，如果配种后3周内不再发情，则可推断母猪已经妊娠，此法用于配种前发情周期正常的母猪比较准确。

（2）**根据外部特征及行为表现判断** 凡配种后表现安静、饮食良好、膘情恢复快、性情温驯、皮毛光亮并紧贴身躯、行动稳重、腹围逐渐增大、阴户下联合紧闭或收缩并有明显上翘的母猪，可能已经妊娠（图3-11）。

图3-11 妊娠母猪

（3）**根据乳头的变化判断** 大约克夏母猪配种后30天乳头变黑，轻轻拉长乳头，当乳头基部呈现黑紫色的晕轮时，则可判断其已经妊娠。

（4）**验尿液** 接取配种后5～10天母猪早晨的尿液10毫升，放入试管内测定密度（相对密度为1.01～1.025）。如果尿液过浓，则需加水稀释，然后滴入1毫升5%～7%的碘酒，在酒精灯上加热，观察达到沸点时尿液的颜色变化（图3-12）。如果母猪已妊娠，尿液经加热达沸点时，则由上而下出现红色；若母猪没有妊娠，则尿液呈淡黄色或褐绿色，而且尿液冷却后颜色会消失。

图3-12 猪尿液检验示意

37. 使母猪季节性产仔有哪些好处？

使母猪群集中在一定的季节配种、产仔，有以下优点：

（1）可以避开寒冬和炎热的夏季配种、产仔　南方各地可以将母猪安排在5月、11月配种，次年的3月、9月产仔。

（2）便于管理　在母猪集中配种、产仔期间，可以组织专人负责管理，从而节约人力、物力，减少开支。

（3）提高母猪利用率　母猪产仔多时（超过其有效乳头数时），可将多余的仔猪转给产仔较少的母猪代哺（图3-13），或将几窝仔猪数少的合并为一窝，让一头母猪哺育，其余母猪即可发情配种。

图3-13　让其他母猪代哺

（4）节省饲料　母猪集中产仔，可以充分利用本地饲料资源，减少运费等开支。

38. 推广猪的人工授精技术有什么好处？

人工授精是利用人工方法采集公猪的精液，经过必要的处理，将合格的精液输入发情母猪的生殖道内，使母猪受胎。与自然交配相比，人工授精技术具有显著的优越性。

（1）可以提高优良公猪的利用率，加速猪种改良　自然交配时，一头公猪一次只能和一头母猪交配；而人工授精时，一头公猪一次的采精量经过稀释后，可以供10多头发情母猪输精。

（2）可以减少饲养公猪数量，节约饲料　人工授精时，一头公猪可以发挥10多头公猪自然交配的使用效果。而一头公猪一年

需要喂给500~700千克配合饲料，10头公猪的饲料一年可饲养30~40头育肥猪，因此人工授精可以在减少饲养公猪数量的同时节约饲料。

（3）可以克服种公猪与母猪体型悬殊造成的配种困难　猪本交时常因种公猪与母猪体型悬殊而造成配种困难，甚至会损伤母猪的身体，而采取人工授精技术即可避免类似事情的发生。

（4）可以扩大配种范围　采集的精液经过稀释可长时间于恒温箱内保存（图3-14），因此可以进行长途运输，突破了地区限制，并可有效解决公猪不足地区的母猪配种问题，有利于杂交改良工作的开展。

（5）便于采用重复输精和混合输精等繁殖技术　输精前精液都要经过检查，只有优质的合格精液才能用于输精（图3-15）。人工授精可以选择最适当的时机，将精液输到最适当的部位，并且能采用重复输精和混合输精等繁殖技术，提高母猪的受胎率，增加产仔数和仔猪成活数。

图3-14　新鲜精液保存罐

图3-15　输精前的精液检查

（6）防止疫病的传播　采用人工授精，种公猪与母猪不直接接触，可防止疾病的传播，特别是可有效防止生殖器官疾病的传播。

39. 怎样采集种公猪精液？

种公猪采精的方法主要有两种：一种是假阴道（假母猪）采精法，另一种是徒手采精法。目前常用的是徒手采精法（图3-16），该法不需要较多设备，采精时可灵活掌握公猪射精所需要的压力，操作较为简便，且精液品质好，是当前广泛使用的一种公猪精液采集方法。

（1）采精前准备工作　采精前先消毒好所用的器械，并将4～5层纱布放在采精杯上备用。采精员剪指甲，洗净、消毒、擦干手臂或戴上消毒过的橡胶手套，穿清洁的工作服，然后进行采精（图3-17）。

图3-16　徒手采精法示意

图3-17　采精前器械准备示意

（2）采精操作要领

①握：采精员蹲在假母猪的右后方，当公猪爬上假母猪，应立即用0.1%高锰酸钾溶液擦洗公猪的包皮，并用清洁毛巾擦干，然后用右手握住公猪阴茎，当公猪出现性欲伸出阴茎时，采精员应立即用右手或左手（手心向下）握住公猪阴茎前端的螺旋部，手握的松紧度以不让阴茎滑落为度（图3-18）。

②拉：随着公猪阴茎的抽动，采精员抓住公猪的阴茎，仅让龟头露在小指外（右手握），继续抓紧直到阴茎勃起、龟头变得

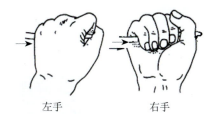

左手　　　　　　右手

图3-18　手握猪阴茎示意（箭头示
阴茎进入方向）

坚挺，随着公猪阴茎的抽动，顺势小心地把阴茎全部拉出包皮外。

③擦：拉出阴茎后，将拇指轻轻顶住并按摩阴茎前端，可增加公猪快感，促进完全射精。

④收：当公猪静伏射精时，采精员右手应有节奏地一松一紧地捏动，以刺激公猪充分射精。一般不收集最先射出的混有尿液等污物的精液，待射出乳白色精液时，再用左手持采精杯收集（图3-19）。采精完毕后，顺势将阴茎送入包皮内，将公猪驱离假母猪。

图3-19　精液的采集

40. 采精要注意哪些事项？

（1）一定要保持周围环境安静。

（2）种公猪在采食前、后半小时内不能进行采精。

（3）最好在日出前进行。

（4）采精后严禁给种公猪洗澡和使其受到惊吓。

（5）采精员在采精过程中要注意安全，防止被种公猪咬伤、踩伤和压伤。

41. 怎样给母猪人工输精？

输精是人工授精最后一个技术环节，也是决定人工授精成败的关键。

视频 2

（1）输精器具　猪的输精用具一般由一只50毫升注射器连接一条橡皮输精管组成。现在多使用一次性输精器具（图3-20）。

（2）输精前的准备　输精人员应将指甲剪短磨光，手臂洗净、消毒（图3-21）。所有输精器具要进行彻底洗涤、消毒，冲洗干净。母猪外阴部也要用0.1%高锰酸钾或1/3 000新洁尔灭溶液清洗消毒。冷冻精液必须先升温解冻，经检查合格后方可使用。

图3-20　输精器具

图3-21　输精前手臂清洗、消毒

（3）输精步骤　让母猪自然站立，输精人员用左手将母猪阴唇张开，左手持输精管，先用少许精液擦拭母猪阴道口，然后将橡胶管缓慢插入阴道，并向前旋转滑进，直到进入子宫颈内。将精液管与输精管前端的螺旋体连接后，要抬高精液罐以促使精液流入子宫（图3-22）。如有精液倒流，可转动橡胶管，换方向再注入子宫。输精不宜太快，一般每次需5～10分钟。

在输精管插入母猪阴道之前，用润滑液润滑输精管前端的螺旋体（图3-23）。

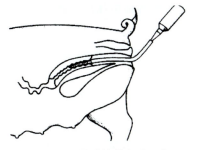

图3-22　母猪输精方法示意

图3-23　润滑液滴在输精管前端

　　在输精管插入母猪阴道后，将输精管螺旋体的尖端紧贴阴道的背部表面，逆时针方向转动螺旋体以锁住子宫颈，待插进25～30厘米感到阻力时，稍向外拉出，即为输精部位（子宫颈第2～3皱褶处）（图3-24），然后连接精液罐进行输精。

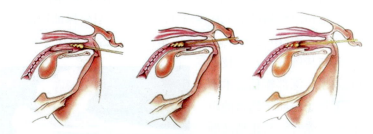

图3-24　母猪输精部位示意

　　输精完毕，缓慢抽出输精管，然后用手按压母猪腰部或拍打其臀部，以免母猪弓腰收腹，造成精液倒流。

　　输精后，必须立即清洗输精用具，然后消毒备用，并及时做好输精记录。

42. 提高母猪人工授精受胎率有哪些技术要点？

　　提高母猪人工授精受胎率要注意以下几点：

（1）加强饲养管理，使种公猪常年保持种用体况，精力充沛，性欲旺盛。

（2）调教好种公猪，使猪建立条件反射；采集的精液必须干净无污染，质量好。

（3）在母猪排卵高峰期进行输精，且输精管要插入子宫颈第2～3皱褶处。

（4）一般经产母猪输精2次，初产母猪输精3次，每次输精10～15毫升，每次间隔24小时。如发现精液逆流，则应补输一次。

43. 什么是母猪深部输精技术？

传统的输精技术是将精液输到母猪子宫颈口，而采用深部输精技术是把精液输到母猪子宫体内（图3-25），只要保证每份精液总精子数不少于10亿个（一般每份精液含30亿～40亿个精子），即可达到与传统人工授精技术相当的效果。深部输精技术不仅缩短了精子与卵子结合的距离，同时又能有效防止精液倒流；既减少了精液浪费，又节约了精液资源（可节约2/3精液），且大大提高了受胎率和产仔数。

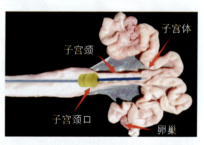

图3-25　母猪深部输精部位示意

44. 怎样饲养妊娠母猪？

根据妊娠母猪的生理及身体状况，在妊娠期内主要有3种饲养方式。

(1)"抓两头带中间"的饲养方式　此种方式适合断奶后膘情差的经产母猪。一般从配种前10天开始到配种后20天的1个月时间里，要加喂富含蛋白质的饲料，待母猪体况恢复后再按饲养标准饲养；母猪妊娠85天后，胎儿增重较快，可增加营养，即"高—低—高"的营养水平。

(2)"步步登高"的饲养方式　此种方式适用于初产母猪和哺乳期间配种的母猪。母猪在整个妊娠期间的营养水平，应随着胎儿体重的增大而逐步提高，到分娩前1个月达到高峰，但产前5天左右减食30%，即"步步登高"的营养水平。

(3)"前粗后精"的饲养方式　此种方式适用于配种前体况良好的母猪。因为妊娠前期胎儿营养需求不大，加之母猪膘情较好，所以要控制营养，用一般青粗饲料或妊娠前期料饲喂即可。到妊娠后期，胎儿发育加快，需要增加精饲料或妊娠后期料的喂量，即"前粗后精"的营养水平。

45. 怎样管理妊娠母猪？

(1)日粮必须有一定的体积，使母猪既不感觉饥饿，也不会因日粮容积过大而压迫胎儿；同时日粮应含有适量的轻泻剂，以防母猪便秘，引起流产。

(2)严禁给母猪饲喂发霉、变质、冰冻、带有毒性和强烈刺激性气味的饲料。

(3)保持猪舍清洁卫生，每天坚持让妊娠母猪运动1~2小时。可使母猪在运动场运动，也可放牧或在道路上驱赶运动，每天上午和下午各运动一次。但在母猪妊娠第1个月和分娩前10天应减少运动。

(4)母猪妊娠后期应单栏饲养，避免互相打架和践踏，做好冬、春季防寒保暖和夏季防暑降温工作；保持环境安静，分娩前

1周应将栏舍彻底消毒，及时消灭体外寄生虫；在预产期前1～2天，应先用肥皂水将母猪的后躯、会阴、尾部及乳房等处清洗干净，然后用0.1%高锰酸钾溶液消毒，做好产前的准备工作（图3-26）。

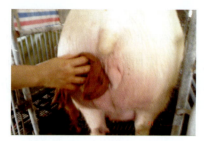

图3-26　母猪分娩前清洗消毒（消毒外阴）

46. 怎样推算妊娠母猪的预产期？

母猪的妊娠期为110～120天，平均为114天，其预产期的推算方法有2种。

（1）"三三三"推算法　在配种的月份上加3，即在配种的日数上加3周零3天。例如，3月9日配种的母猪，其预产期是3＋3＝6月，9＋21＋3＝33天（1个月按30天计算，33天为1个月零3天，月数相加，日数相加），故7月3日是预产期。

（2）"进四去六"推算法　在配种的月份上加4，即在配种的日数上减6（不够减时可在月份上减1，在日数上加30）。例如，3月9日配种的母猪，其预产期为3＋4＝7月，9－6＝3月，故7月3日是预产期。

47. 母猪临产前有何征兆？

（1）乳房的变化　在分娩前2周，母猪乳房从后向前逐渐膨大，乳房基部与腹部之间呈现明显的界限；分娩前1周，母猪的乳头呈"八"字形向两侧分开；分娩前4～5天，母猪的乳房显著膨大，两侧乳房外张明显，呈潮红色发亮（图3-27）。

(2) **乳汁的变化** 在分娩前4~5天，母猪的乳头从前向后逐渐能挤出乳汁。分娩前1天，挤出的乳汁较浓稠，呈黄色。当后面的1~2对乳头能挤出乳汁时，母猪在4~6小时内产仔或即将产仔（图3-28）。

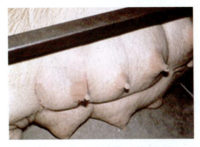

图3-27 临产前母猪乳房的变化

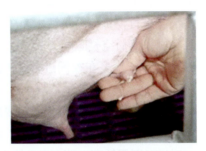

图3-28 临产前母猪乳汁的变化

(3) **母猪的变化** 在分娩前3天，母猪起卧行动稳重、谨慎；分娩前1天，母猪阴门肿大、松弛，颜色呈紫红色，并有黏液流出；分娩前6~10小时，母猪表现卧立不安，外阴肿胀变红，尾根两侧稍凹陷（骨盆开张）（图3-29）；分娩前1~2小时，母猪表现精神极度不安，呼吸迫促，挥尾，流泪，时而来回走动，时而呈犬坐姿势，频频排尿，并有大量黏液流出；如母猪躺卧，四肢伸直，阵缩间隔时间越来越短，全身用力努责，阴户流出胎水（破水），则很快要产仔。

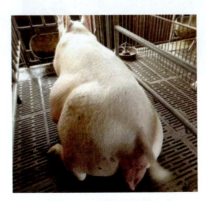

图3-29 临产前母猪的变化

48. 给母猪接产前应做好哪些准备工作？

（1）**分娩舍的准备和消毒** 在妊娠母猪调入产房前，要将产房彻底清扫干净，并用2%～3%氢氧化钠溶液或2%～5%来苏儿溶液等进行消毒，再用清水冲净（图3-30）。同时墙壁用20%石灰乳粉刷。然后空栏晾晒3～5天，方可调入母猪。

母猪分娩多在夜间进行，因此，要注意安排专人值夜班，随时准备接产。

（2）**用具准备** 母猪产前要准备好产仔栏、仔猪箱、棉擦布、剪刀、耳号钳或耳标器、耳标、记录表格、5%碘酊、0.1%高锰酸钾溶液、医用纱布、催产素、抗生素、注射器、肥皂、毛巾、面盆、计量器具（秤）、25瓦红外线灯、电热板、液状石蜡等（图3-31）。

图3-30 母猪临产前消毒产房

图3-31 母猪接产常用器械物品

49. 怎样给母猪接产？

母猪分娩时，一般多侧卧，经几次剧烈阵缩与努责后，胎衣破裂，羊水、尿水流出，随后产出仔猪。一般每5～25分钟产出1头仔猪，整个分娩过程需要1～4小时。接产时要注意9个环节。

视频3

（1）**抠除黏液**　当仔猪产出后，用手将其托起，并立即清除仔猪口腔内及鼻孔周围的黏液，以免仔猪吸入引起窒息（图3-32）。

（2）**擦拭全身**　先用柔软干净的干草，然后用棉毛巾或麻袋片擦拭仔猪全身，擦净仔猪身上的黏液，以免其受冻（图3-33）。同时稍微用力按摩仔猪皮肤，以促进其血液循环。

图3-32　抠除仔猪口腔、鼻孔内的黏液

（3）**断脐**　断脐时，先将脐带内血液向腹部方向挤捏几次，然后在距离仔猪腹部4~5厘米处，用两手扯断脐带（一般不用剪刀，以免流血过多），断端涂以5%碘酊消毒，断脐完毕将仔猪放入保温箱内保温（图3-34）。

图3-33　擦拭仔猪全身

图3-34　断脐

（4）**剪牙和滴鼻**　断脐后，用剪牙钳剪除仔猪胎齿（8颗）牙尖，并涂以碘酊消毒（图3-35）；然后用伪狂犬基因缺失疫苗1头份滴鼻，进行猪鼻黏膜免疫。

（5）**断尾**　仔猪剪牙和滴鼻完成后，用专用断尾钳，在距离仔猪尾根部2厘米处，将尾巴剪断并消毒（图3-36）。若用普通钳子断尾,为防止出血,在剪断尾巴时捏紧钳子停留数秒后,再移开钳子。

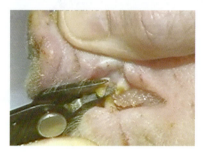

图3-35　剪除牙尖

图3-36　断尾

(6)**滴抗生素**　断尾后,不要马上让仔猪吸吮初乳,此时应向仔猪口腔内、舌面上滴庆大霉素3~5毫升(图3-37)。避免将抗生素注入咽喉内,以免仔猪吞咽,应使药液保留在口腔内和舌面上。

(7)**保温**　向仔猪口腔内滴抗生素后,将其放入提前准备好的干净卫生的保温箱内(图3-38)。箱内温度控制在35℃左右。有电热板的保温箱,电热板上最好铺一层毛毡或毛毯;没有电热板的,可以垫干净的干草,草上再铺毛毡或毛毯。

图3-37　向仔猪口腔滴药液

图3-38　保温

（8）**挤奶头**　在给新生仔猪吸吮初乳前，要先将母猪的乳房和乳头用湿毛巾擦拭干净，然后用手指轻轻地将母猪乳头里的少量奶水挤出弃掉（图3-39），尤其是最后2对乳头，因为有时初乳没有出来仍在乳头内，容易变质，如果被仔猪吸吮，容易导致腹泻。

（9）**固定乳头**　待母猪生产完毕，将仔猪按照小的在前、大的在后的顺序摆放在母猪乳头处，一次性统一让仔猪吸吮初乳。这样仔猪就可以记住自己第一口吸吮的乳头，从而固定下来（图3-40）。

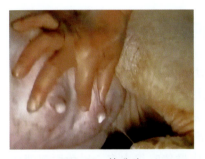 

图3-39　挤乳头　　　　　　　　图3-40　固定乳头

母猪产完最后一头仔猪，大约半小时后，胎衣排出，标志着产仔过程结束。然后用来苏儿或高锰酸钾溶液擦洗母猪阴门周围及乳房，以免母猪发生阴道炎、乳腺炎或子宫炎，同时打扫产房或产床，清除污染垫草或铺垫物，重新更换新鲜垫草或铺垫物。

🔵50. 母猪分娩后如何护理？

（1）**做好环境控制工作**　产后饲养环境通常要求安静，保持舍内温暖干燥，一般要求舍内温度为20～23℃，相对湿度为60%～70%。

（2）**做好卫生消毒与保健工作**　母猪分娩后要及时取走胎衣，并且用温水或者0.1%高锰酸钾溶液擦洗母猪的后躯和阴部，每天擦洗1次，坚持1周。

（3）**做好药物保健工作**　对于顺产的母猪，药物保健的作用主要是消炎。使用方法主要有肌内注射法、灌注法以及输液法。其中肌内注射抗生素作为常规的护理措施，效果并不理想；灌注法的消炎效果较肌内注射法明显，但是对母猪繁殖机能的恢复效果却不理想；而输液法是较为理想的方法，是促进母猪产后快速恢复的有效措施。

51. 哺乳期间母猪如何饲喂？

母猪产后首先要及时补充水分，可以补充电解多维或者盐水，可以促进母猪体质的恢复以及乳汁的分泌。母猪分娩的当天不给料，仅喂饮麸皮水。一般母猪产后2～7天，要适当控制饲喂量，产后第2天开始饲喂1～1.5千克饲料，以后逐渐增加喂量，最好是喂给流食。注意每次喂料不能让母猪吃得太多，以免引起消化不良。分娩7天后，让母猪自由采食，即母猪一次性吃完不剩料为宜。仔猪断奶前3～5天逐渐减少母猪精饲料和多汁饲料的喂量。饲喂泌乳母猪不但要定时、定量，而且要求饲料多样化，以满足其营养的需要，每天饲喂3～4次，每次间隔时间要均匀。

52. 哪些方法可以提高哺乳母猪泌乳量？

提高哺乳母猪泌乳量的方法主要有以下几种：

（1）对哺乳母猪实行高水平饲养，可不限量饲喂或让其自由采食。

（2）可多喂青绿多汁饲料及根茎类饲料，如胡萝卜、南瓜、

甜菜（捣碎）等。

（3）可喂维生素含量多的饲料，如酵母粉等。

（4）加喂催奶药，如成药"妈妈多"，或中成药"下乳通泉散"等。

（5）对初产母猪在产前15天进行乳房按摩，每天早晨按摩5～10分钟；或产后用40℃左右温水浸湿抹布按摩母猪乳房，可收到良好效果。

53. 断奶后母猪迟迟不发情怎么办？

母猪断奶后推迟发情或不发情的原因很多，应该根据不同的原因，采取不同的措施。

（1）改善猪舍的环境，增加通风和光照，及时清除粪便污物，保持圈舍清洁卫生。

（2）母猪膘情与营养欠佳的，可调整饲料配方，增喂豆粕、玉米和青绿饲料。

（3）母猪太胖的，要加强运动和适当减少喂料量，甚至停料、停水1～2天，以促进其发情。

（4）对有产后炎症的病猪，要及时治疗，对于不易治疗和繁殖力低下的老龄母猪应及时淘汰。

（5）对因内分泌失调而不发情的母猪可采取诱导发情（如公猪诱导法、合群并圈法、按摩乳房法和并窝法等）和人工催情（如肌内注射孕马血清促性腺激素、脑垂体前叶素、绒毛膜促性腺激素等）。

54. 如何选留种公猪？

（1）来自良种猪场　应选择生长速度快、饲料转化率高、酮体品质好的优良公猪，最好选择外来品种如杜洛克猪、长白猪（图3-41）、大约克夏猪的后代作为种公猪，并且有档案记录。

（2）**外表特征要符合本品种要求** 所选种猪整体结构要匀称，身体各部分之间的结合要良好，外表特征要符合本品种要求，四肢强健、结实，行走时步伐大而有力，胸部宽深丰满，背腰部长且平直、宽阔，腹部紧凑、不松弛下垂，后躯

图3-41 长白猪种公猪

充实，肌肉丰满，膘情良好。睾丸发育正常，大而明显，两侧睾丸匀称一致，无单睾、隐睾及阴囊疝，阴囊紧附于体壁，包皮无积尿。

（3）**有正常的性行为** 种公猪除睾丸发育正常外，还应具有正常的性行为，包括性成熟行为、求偶行为、交配行为，而且性欲要旺盛。

（4）**健康无病** 所购种公猪必须来自一个健康的群体，且购入后要先隔离观察一段时间，检查其健康状况，待其适应猪场环境并证明健康无病后，再开始配种使用。

55. 怎样饲养种公猪？

在正常情况下，种公猪配种一次所射出的精液量能达到200~300毫升（外来品种比本地品种高1~2.5倍），而精液里含有大量的蛋白质，这些蛋白质必须从饲料中获得。因此，种公猪对营养的要求较高，日粮消化能应达到12.5~13.9兆焦，蛋白质含量应达到14%~16%，其中要有5%~8%的动物蛋白饲料，如优质鱼粉、肉骨粉等。除保证蛋白质的含量以外，还应注意及时补

给维生素、矿物质饲料。种公猪体重在120千克以下时，每天饲喂全价饲料2.5~3.6千克；体重达到120千克时，每天饲喂全价饲料1.8~2.7千克，直到配种。

配种期的种公猪体力消耗大，因射精而消耗的物质也比较多。一般情况下，公猪精液中干物质含量为2%~10%，其中60%以上是蛋白质，因此，在种公猪集中配种期间，每天可加喂1~2个鸡蛋。在饲料配合上，应补给优质的青绿多汁饲料和块茎类饲料，如胡萝卜、南瓜、青草、青贮饲料、大麦等；在饲养方式上，可采用三餐制，同时应根据季节特点、温度变化、个体膘情以及使用频率等情况，适当调整饲喂量。

56. 怎样管理种公猪？

（1）保持环境清洁卫生　种公猪应该生活在清洁、干燥、空气新鲜、温暖、安静的环境中，所以要每天清扫圈舍2次，保持圈舍和猪体的清洁卫生。对种公猪应每天坚持刷拭1~2次体表（图3-42），以保持其皮肤清洁，促进血液循环，减少皮肤病和寄生虫病的发生概率。在种公猪配种射精过程中，不得给予任何刺激。还应防止种公猪咬架，一旦发现咬架应迅速放出发情母猪，将公猪引走，以防造成伤亡。

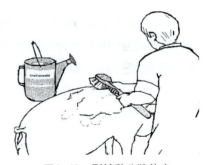

图3-42　刷拭种公猪体表

（2）加强运动　运动可以促进种公猪食欲，增强其体质，避免肥胖，并可提高性欲和精液品质，从而提高受胎率。种公猪除在运动场自由运动外，每天应进行驱赶运动，上、下午各1次，每次行程2千米，夏季在早、晚凉爽时进行，冬季在中午运动1次，每次运动1小时。配种期间的运动量应适当减少。

（3）加强调教管理　从小加强种公猪的调教管理，建立人与猪的和睦关系，对种公猪态度要和蔼，严禁恫吓，培养其良好的生活规律。3～4月龄开始单圈饲养、调教训练，及时淘汰性欲低下、配种能力弱、精液质量差的公猪。

（4）适时使用　后备公猪应在8月龄以上、体重达120千克开始使用，最低使用年龄不得低于7.5月龄。使用前在配种妊娠舍饲养种公猪45天以适应环境。年青公猪每周配种不得超过3次，配种休养期不少于3天。

（5）做好疫病防控　首先根据本场和当地疫情情况，制定合理有效的防疫程序，并按时实施。特别要做好春、秋两次预防接种工作，要经常观察种公猪的健康状况，发现疾病，及早治疗。

57. 饲养杂交猪有什么好处？

不同种群（品种或品系）间的交配与繁殖称为杂交，杂交所产生的后代称为杂种。杂种猪的适应性、生活力、生长势与生产性能等方面，都优于其亲本纯繁群体，称为杂交优势（或杂种优势），此种猪称为优势杂种猪。杂交后代与亲本猪相比较，生长速度较快，瘦肉率高，容易饲养管理；杂种母猪繁殖效率高，产仔多，且仔猪初生重和断奶重大。杂交猪饲料转化率高，地方品种猪每增重1千克需配合饲料4千克，而杂交猪仅需3千克左右。

58. 二元杂交猪有什么特点？

二元杂交又称两品种杂交或单杂交，是养猪生产中以经济

利用为目的，最简单、最普遍采用的一种杂交方式。二元杂交的特点是杂种一代无论公猪、母猪全部不作种用，不再继续配种繁殖，而全部作为商品猪育肥（图3-43）。这种杂交方式简单易行，只需进行一次配合力测定即可，对提高猪的产肉力有显著效果。

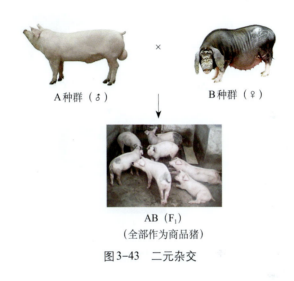

A种群（♂）   ×   B种群（♀）

AB（F₁）
（全部作为商品猪）

图3-43　二元杂交

59. 三元杂交猪有什么特点？

三元杂交又叫三品种杂交，即先选用两个品种猪杂交，产生在繁殖性能方面具有显著杂种优势的子一代杂种母猪，再用第二个父本品种公猪与其杂交，所产生的后代全部作为商品猪育肥。三元杂交的特点是三个品种杂交的杂种优势一般都超过两个品种杂交，杂种母猪的生活力和繁殖力也具有杂种优势，并且产仔多、哺育能力强、仔猪生长发育快、日增重高。但三元杂种仔猪无论公、母猪，全部用作商品猪育肥（图3-44）。

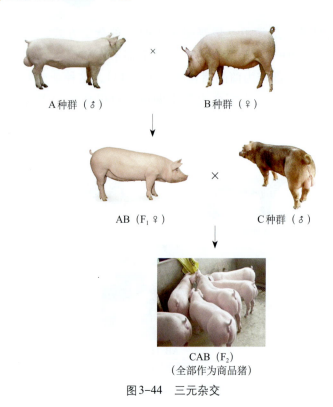

A种群（♂）　×　B种群（♀）

AB（F₁♀）　×　C种群（♂）

CAB（F₂）
（全部作为商品猪）

图3-44　三元杂交

60. 猪的经济杂交模式有哪几种？

由于杂交目的不同，目前我国养猪有7种杂交模式：二元杂交、三元杂交、四元杂交、轮回杂交、二元轮回杂交、顶交、专门化品系杂交。最常见的杂交模式为二元杂交、三元杂交和四元杂交。四元杂交又称双杂交，是4个品种或品系参与，先进行两种二元杂交，产生两种杂种猪；然后从两种杂种猪中选出公、母猪分别作父本和母本，再进行一次简单的杂交，产生四元杂种猪，所得四元杂种猪全部作为商品猪育肥（图3-45）。

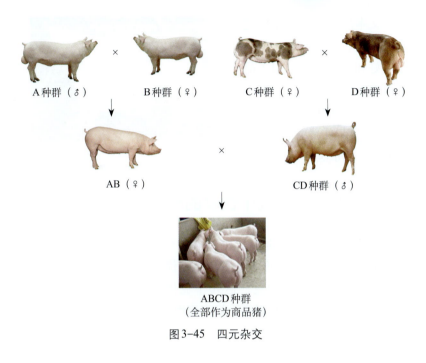

A 种群（♂）　　　　B 种群（♀）　　C 种群（♀）　　　　D 种群（♀）

AB（♀）　　　　　　　　　　CD 种群（♂）

ABCD 种群
（全部作为商品猪）

图 3-45　四元杂交

61. 如何选择经济杂交亲本猪？

开展商品猪的杂交利用对亲本猪的选择十分重要，因为亲本的品质直接影响杂种优势的显现。选择母本品种时，应选择本地区数量最多、适应性强、繁殖力高、母性好、泌乳力强、体格大小适中的品种，如太湖猪（图3-46）。

图 3-46　母本太湖猪

父本品种应选择生长速度快、饲料转化率高、胴体品质好和瘦肉率高的引入品种和我国自己培育的瘦肉型品种（图3-47），如杜洛克猪、大约克夏猪、长白猪、新淮猪、北京黑猪等。

图3-47　杂交父本猪

62. 我国有哪几个优良的杂交组合？

（1）杜-湖杂交　是以湖北白猪为母本，与杜洛克公猪进行杂交生产商品猪。所生产的杂种猪杂种优势率高，母猪繁殖力好，育肥期日增重650～780克，达90千克体重为170～180天，饲料转化率3.2以下，90千克屠宰平均产瘦肉量40千克以上，胴体瘦肉率62%以上（图3-48）。

（2）杜-浙杂交、杜-三杂交、杜-上杂交　这三个杂交组合分别以浙江中白猪Ⅰ系、三江白猪、上海白猪为母本，以杜洛克猪为杂交父本生产商品猪。所生产的杂种猪育肥期日增重600克以上，饲料转化率3.2～3.4，胴体瘦肉率58%～61%（图3-49）。

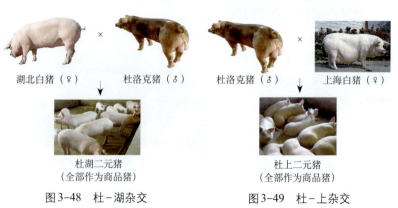

湖北白猪（♀）　×　杜洛克猪（♂）　　杜洛克猪（♂）　×　上海白猪（♀）

杜湖二元猪
（全部作为商品猪）

杜上二元猪
（全部作为商品猪）

图3-48　杜-湖杂交　　　　图3-49　杜-上杂交

（3）杜－长－太杂交　是以太湖猪为母本，与长白猪公猪二元杂交所生产的母猪，再与杜洛克猪公猪进行三元杂交生产商品猪。杜－长－太杂交组合所生产的杂种猪，育肥期日增重可达550～600克，达90千克体重日龄180～200天，胴体瘦肉率58%左右。该杂种猪适合当前我国饲料条件较好的农村地区饲养和推广（图3-50）。

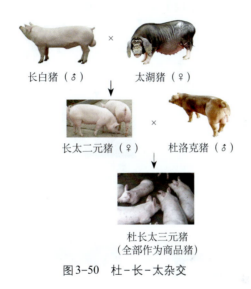

图3-50　杜－长－太杂交

（4）杜－长－大杂交　是以长白猪与大白猪的二元杂交后代作母本，再与杜洛克猪公猪进行三元杂交生产商品猪。杜－长－大杂交（或杜－大－长杂交）组合所生产的杂种猪，育肥期日增重可达700～800克，饲料转化率3.1以下，胴体瘦肉率达63%以上。由于利用了三个外来品种的优点，其商品猪体型好、出肉率高，深受市场欢迎，但对饲料和饲养管理的要求相对较高（图3-51）。

（5）大－长－本杂交　是用地方良种母猪与长白猪或大白猪公猪的二元杂交后代作母本，再与大白猪或长白猪公猪进行三元杂交生产商品猪。大－长－本杂交（或长－大－本杂交）是我国大中城市菜篮子工程基地和养猪专业户所普遍采用的组合，所生产的杂种猪育肥期日增重600～650克，饲料转化率3.5左右，达90千克体重日龄为180天，瘦肉率50%～55%（图3-52）。

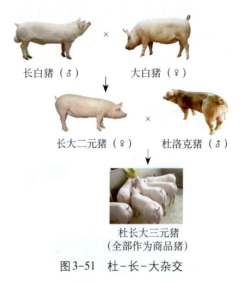

长白猪（♂）　　大白猪（♀）

长大二元猪（♀）　　杜洛克猪（♂）

杜长大三元猪
（全部作为商品猪）

图3-51　杜-长-大杂交

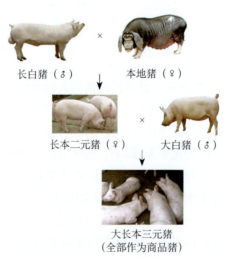

长白猪（♂）　　本地猪（♀）

长本二元猪（♀）　　大白猪（♂）

大长本三元猪
（全部作为商品猪）

图3-52　大-长-本杂交

四、

仔猪生产

63. 新生仔猪有哪些生理特点？

（1）**调节体温能力差**　刚出生的仔猪大脑皮层发育不够健全，通过神经系统调节体温的能力较差，再加上被毛稀疏、皮下脂肪少，保温隔热能力差，常常会发生冻僵，造成不能吃奶，进而被冻死或被母猪压死。

视频4

（2）**缺乏先天性免疫力，抗病能力较差**　初生仔猪由于缺乏先天性抗体，出生后体质很弱，如果没有及时吃到初乳，则不能获得先天性母源抗体和热能，导致抵抗力低下，容易受疾病侵袭，很难存活。

（3）**消化能力弱**　初生仔猪的消化器官发育不完善，消化腺不发达，胃内仅有凝乳酶，胃蛋白酶很少，而且没有活性，不能消化蛋白质，特别是植物性蛋白质。而肠腺和胰腺发育比较完全，小场内胰蛋白酶、肠淀粉酶和乳糖酶活性较高，所以新生仔猪只能消化乳蛋白、乳脂和乳糖。

（4）**生长发育快，物质代谢旺盛**　仔猪出生时体重虽然轻，但因为物质代谢旺盛，特别是蛋白质代谢和钙、磷代谢比成年猪活跃，所以生长发育很快（图4-1）。

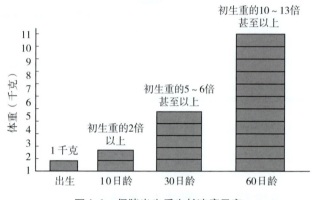

图4-1　仔猪出生后生长速度示意

（5）体内铁储备少，易患缺铁性贫血　仔猪出生时含铁不足50毫克，仅够其1周生长所需。母乳中铁的含量很低，所以仔猪从出生8～12天就会开始出现缺铁现象。若同时伴有腹泻，则贫血更为明显。

64. 提高新生仔猪成活率的主要措施有哪些？

（1）固定乳头，早吃初乳　让仔猪尽早吃足初乳（最晚不超过6小时）。一般仔猪全部产出后，将母猪乳房擦拭干净后统一喂奶。可将体弱的个体固定到前排的乳头吃奶，将体质较强的个体固定到后排的乳头吃奶。

（2）防止压死，确保成活　为防止新生仔猪受寒或被母性较差的母猪压死，产后几天内要有专人全天护理。对个别母性特别差的母猪，在其产后3～4天内应将全窝仔猪放在育仔箱（育仔篮）内，每隔0.5～1小时将其放出喂乳一次，喂乳结束再将仔猪全部

放入育仔箱（育仔篮）内。注意防寒保暖，预防新生仔猪感冒。

（3）预防贫血，补喂矿物质　通常于产后第3天给每头仔猪肌内注射铁钴针2～3毫升；或者颈部肌内注射右旋糖苷铁、血多素、牲血素或右旋糖铁钴合剂等100～150毫克；也可用硫酸亚铁2.5克、硫酸铜1克，溶于1 000毫升水中，于仔猪哺乳时滴在母猪乳头上，使仔猪吸入（图4-2）。

（4）勤添水，勤换水　仔猪出生后3～5日龄就应开始补充饮水（图4-3）。有条件的猪场应在圈内安装自动饮水器。如无饮水器，应在仔猪出生后第3天开始，用浅盘盛水供其饮用。仔猪的整个哺乳期内，饮水必须勤添勤换，保证饮水充足和清洁卫生。

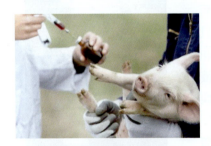

图4-2　及时给新生仔猪补铁　　图4-3　及早让初生仔猪饮水

（5）保持清洁卫生，预防疾病　仔猪生活的场所必须保持干燥、光亮、温暖、清洁；饲槽要经常清洗，猪圈内外要经常消毒；做到无病早防，有病早治。另外，在饲料中加入适量生态制剂饲喂仔猪，既能促进仔猪的生长发育，又可增强其对疾病的抵抗力。

65. 如何抢救假死仔猪？

有些仔猪出生后全身发软，呼吸微弱甚至停止，但心脏仍在微弱搏动（用手压脐带根部可摸到脉搏），此种情况称为仔猪的"假死"。遇到这种情况应立即急救。

（1）**人工呼吸法** 将假死仔猪仰卧放在垫草上，把鼻孔和口腔内黏液清除干净，盖上纱布进行人工呼吸。抢救者一只手抓住假死仔猪的头颈部，使仔猪口鼻对着抢救者，另一只手将4～5层的医用纱布捂在其口鼻上，然后抢救者隔着纱布向假死仔猪的口内或鼻腔内吹气，并用手按摩其胸部。

（2）**温水浸泡法** 用手抓住仔猪双耳或两前肢，把仔猪突然放入40～45℃的温水里，使其头部露出水面，浸泡3～5分钟，以此激活仔猪。

（3）**倒提拍打法** 先清除假死仔猪口腔及鼻孔周围的黏液，然后抢救者用一只手提起仔猪的两后肢，令仔猪头朝下尾向上，另一只手轻轻有节奏地拍打仔猪的背部和臀部，使仔猪口鼻内的羊水和黏液流出，恢复呼吸，待仔猪发出叫声，即已救活（图4-4）。

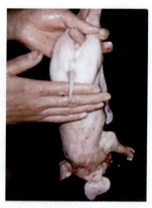

图4-4 假死仔猪倒提拍打法抢救

（4）**刺激胸肋法** 先清除假死仔猪口腔及鼻周围的黏液，然后抢救者一只手抓住仔猪臀部，另一只手抓住其肩部，使仔猪的躯干向胸部反复卷舒，以刺激其胸肋部，直至其恢复自主呼吸（图4-5）。

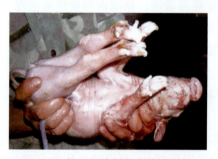

图4-5 假死仔猪刺激胸肋法抢救

（5）**涂抹刺激物法** 可在仔猪鼻盘部涂抹酒精、氨水等有刺激性的物质，或用针刺激法进行抢救。

（6）**注射药物法**　在紧急情况下，可以注射尼可刹米，或将0.1%肾上腺素1毫升直接注入假死仔猪心脏进行急救。

对救活的假死仔猪必须人工辅助哺乳，精心护理2～3天，使其尽快恢复健康。

66. 如何给新生仔猪保温？

新生仔猪皮薄、毛稀，没有皮下脂肪，体温调节能力差，在低温环境下易发生低血糖、感冒、肺炎等疾病。因此，必须做好保温工作，为其创造一个适宜的生活环境（表4-1）。母猪生产时最好配备产床，有栏杆保护；在初生仔猪保温箱内安装150～250瓦红外线灯泡（图4-6），寒冷季节还可以在箱内放置电热板。如果没有条件，可以在母猪圈内用砖砌一个仔猪保温圈，圈内铺软草，草上盖毛毯或毛毡，以此为仔猪取暖和防止仔猪因冷而钻到母猪腹下被压死。

图4-6　新生仔猪的保温

表4-1　哺乳仔猪的适宜环境温度（℃）

日龄	出生	1～3日龄	4～7日龄	8～14日龄	15～30日龄	2～3月龄
温度	35～36	30～32	28～30	26～28	24～26	22

注：母猪的适宜环境温度为15℃，产房温度不能低于10℃。

67. 为什么新生仔猪要吃足初乳？

由于母猪的胎盘构造特殊，妊娠期间大分子免疫球蛋白不能通过血液循环进入胎儿体内，因而初生仔猪不具备先天免疫能力，只有通过吃初乳才能获得免疫能力。初乳中含有大量免疫球蛋白，具有抑菌、杀菌、增强机体抵抗力等功能。仔猪出生1周后，初乳中的免疫球蛋白含量直线下降。因此，仔猪出生后应尽早让其吃到、吃足初乳，以获得免疫力（图4-7）。此外，初乳酸度较高，含有较多的镁盐（有轻泻作用），因此仔猪及早吃到、吃足初乳，还能促进胎便排出。

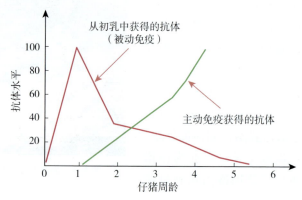

图4-7　新生仔猪免疫机能变化示意

68. 如何给新生仔猪固定乳头？

为防止新生仔猪因相互争抢奶头而错过母猪放奶时间，造成吸吮初乳不足而出现"奶僵"，导致猪群表现不均匀，因此需要人工辅助固定奶头，使仔猪都能及时吃到、吃足初乳。刚出生的仔

猪不要马上让其吃奶，待全部产出（一般2～3小时）后，将母猪乳房擦拭干净再统一喂奶。可将体弱的仔猪固定到前排乳头吃奶，健壮的仔猪固定到后排乳头，且每次哺乳时要防止仔猪更换吃奶乳头（可在仔猪身上做乳头记号），3天后仔猪吃奶已固定乳头，便不再争抢。若仔猪数过多，可以分2批固定乳头。

69. 如何进行新生仔猪并窝和寄养？

并窝是指将母猪产仔数较少的不同窝（2～3窝）仔猪合并，之后所有仔猪让其中一头泌乳量较大的母猪哺育。寄养是指将多余的仔猪给代哺母猪哺育。并窝和寄养时应注意以下几点：

（1）选择的代哺母猪分娩的日期要基本相同，最多不能超过3天。

（2）选择的代哺母猪必须性情温驯、母性好、泌乳量高。

（3）寄养最好选择同胎次的母猪。

（4）被并窝和寄养的仔猪必须保证已吃到初乳。

（5）寄养时尽量挑选体型大和体质强的母猪。

（6）为防止母猪拒绝外来仔猪吃奶，可在并窝和寄养的仔猪身上涂抹代哺母猪的尿液，或喷洒气味相同的液体（如2%来苏儿溶液），以掩盖仔猪的异味，并趁代哺母猪不注意时，将仔猪放到其身边吮乳。一般仔猪吸吮1～2次代哺母猪的乳汁后，即成功实现并窝和寄养。

70. 为什么要给新生仔猪诱食教槽料（开口料）？

教槽料也称开口料，是指仔猪出生后7～10日龄开始至断奶后7～14天内使用的低抗原、易消化的优质饲料。由于哺乳仔猪的消化功能只适应母乳，为了提高仔猪胃肠道对植物原料为主的固体饲料的适应性，增强仔猪断奶后对饲料的消化率，促进其快速生长发育，一般在仔猪断奶前提早诱食教槽料（图4-8）给仔猪早期诱食教槽料，既能补充母猪乳汁供应不足导致的营养缺失，又能促进仔猪胃肠的发育与消化机能的健全。

图4-8　新生仔猪早期诱食教槽料

71. 为什么要给新生仔猪进行早期补料？

新生仔猪进行早期补料有以下好处：

（1）可以提高仔猪断奶窝重和经济效益。

（2）可以增强仔猪的抗病力，提高其成活率。

（3）可以提早给仔猪断奶，促进母猪早发情、早配种，提高母猪的繁殖效率。

72. 为什么新生仔猪7、8日龄进行诱食补料最适宜？

新生仔猪出生后第6、7天开始长牙，牙床发痒，会到处觅食来磨牙。如果仔猪食入产房或母猪圈内不干净的垫草、母猪料和母猪粪便，便会发生腹泻。因此，在仔猪7、8日龄时人工诱食教槽料（开口料），既可以磨牙，又能促进消化器官的发育，早日建立和完善消化酶系统，同时也避免了腹泻的发生。另外，仔猪在吃奶期间一般不会采食其他食物，因此错过磨牙的时机会更难诱食。过早诱食，会影响仔猪吸吮初乳，不利于其生长发育；过迟诱食，则仔猪不愿吃开口料。因此，新生仔猪出生后7、8日龄开

始诱食是最佳时机。

给新生仔猪诱食时，可将饲料调成糊状（早春要用温水调和，以提高料温），用手指或竹木片蘸取少量饲料糊向仔猪口中抹喂（图4-9）。1天喂3次，连喂2天后，把教槽料放到料槽或料盘内让仔猪自由采食即可。

图4-9　给新生仔猪诱食

73. 为什么要给新生仔猪补铁？

新生仔猪出生时体内铁的储备量只有30～50毫克，其每天生长需铁7～10毫克。而母猪乳汁中含铁量很低，每头仔猪每天从母乳中得到的铁不足1毫克。如果不给仔猪补铁，其体内铁的储备量将在1周内耗尽，易引发仔猪贫血症。因此，必须给哺乳仔猪补铁。仔猪最适宜的补铁时间一般在出生后2～4天。补铁的方法有以下几种：

（1）注射血多素或右旋糖酐铁钴合剂　一般在仔猪3日龄时向其颈部或后腿内侧肌内注射血多素或牲血素1毫升（每毫升含铁200毫克），1次即可。若使用右旋糖酐铁钴合剂，则注射2～4毫升（每毫升含铁30毫克），3日龄和33日龄时各注射1次。

（2）口服铁铜合剂　取硫酸亚铁2.5克，硫酸铜1克，清水100毫升，混合溶解，过滤后装入奶瓶中。当仔猪吸乳时滴于母猪乳头上令其吸食，也可用奶瓶直接滴喂，每天1～2次，每头仔猪每天滴喂10毫升（图4-10）。

图4-10　新生仔猪口服铁铜合剂

（3）投放红黏土　在猪栏内的一角放一个盛有清洁红黏土

（内含丰富的铁）的浅框，或在清洁的地上撒一层红黏土，让仔猪自由拱玩、啃食，亦可有效地防止仔猪贫血。

74. 哺乳仔猪应在什么时间断奶？

目前，许多有条件的养猪场（户）已普遍采用仔猪28～35日龄早期断奶的方法，也有在仔猪21日龄甚至更早时间断奶的。

一般来说，生产中最好不要早于21日龄断奶，否则会给仔猪的人工培育带来许多困难，影响仔猪的成活率。因此，各养猪场（户）给仔猪断奶的时间，应根据饲喂品种、生产设备、饲料条件、管理水平来决定。对于条件较好的猪场，可适当提前断奶；条件差的，则应适当推迟断奶。一般优良品种猪21日龄、土杂猪28日龄（体重均达到7千克以上）断奶最适宜。

75. 哺乳仔猪断奶后为什么容易发生腹泻？

哺乳仔猪早期断奶后容易发生腹泻的原因主要有以下几方面：

（1）仔猪8周龄以前胃肠分泌机能不完善，主要依靠消化母乳，断奶后对日粮中的蛋白质消化能力差。

（2）哺乳仔猪消化道的微生物主要是乳酸菌，该菌适宜在酸性环境中生长繁殖。断奶后，仔猪胃内pH升高，乳酸菌逐渐减少，大肠杆菌逐渐增多，原微生物区系受到破坏。

（3）早期断奶的仔猪失去了母源抗体来源，而主动免疫功能又不完善，机体抵抗力较差。

（4）仔猪断奶应激反应强，容易导致消化机能紊乱（图4-11）。

图4-11　哺乳仔猪断奶后腹泻

> **【提示】** 断奶后仔猪腹泻的原因较多，一定要查清病因再施治。

76. 怎样饲养早期断奶仔猪？

（1）**少喂勤添，定时定量**　断奶仔猪虽然生长发育快，需要的营养物质多，但其消化道容积仍然比成年猪小，为此应采取少喂勤添的饲喂方法。一般白天喂6次，每次喂八九成饱，以使仔猪保持旺盛的食欲。夜间9—10点可加喂一次，这样不仅可使仔猪多吃料，利于其生长发育，还可防止其在寒夜里挤压造成伤害，避免仔猪因饥饿而睡卧不安，进而影响生长发育。

（2）**供给充足、新鲜、清洁的饮水**　仔猪快速生长发育需要大量水分，如饮水不足则会影响其食欲与增重。因此，供水要充足、新鲜、清洁，使仔猪全天不断饮水。饮水量一般冬季为饲料量的2～3倍，春、秋季为饲料量的4倍，夏季为饲料量的5倍。最好安装自动饮水器（图4-12）。

图4-12　仔猪通过自动饮水器饮水

（3）**添加生长促进剂**　有条件的猪场最好给仔猪饲喂乳猪配合饲料，可适当添加酸化剂（如柠檬酸等有机酸，可提高其采食量，改善饲料转化率，促进仔猪生长发育）、活菌微生态制剂（可维持消化道菌群的动态平衡，抑制和排斥病原菌，防止腹泻的发生，提高仔猪成活率）。

77. 怎样管理早期断奶仔猪？

（1）合理分群　仔猪断奶后在原圈饲养10～15天，当仔猪采食与排便均正常后，再根据仔猪性别、大小、体格等进行合理分群，以保证其生长发育均匀。在分群时，将个体重相差不超过3千克的仔猪合并为一群；对体重小、体弱的仔猪单独组群，精心饲养（图4-13）。并注意保持圈内清洁卫生、空气新鲜和温度适宜。

视频5

（2）创造舒适的小环境　断奶仔猪圈必须阳光充足、温度适宜（22℃左右）、清洁干燥。仔猪进入圈舍前应彻底打扫干净，并用2%氢氧化钠溶液全面消毒，然后铺土与草的混合垫料（土有吸湿性，草有保暖性），为断奶仔猪创造一个舒适的小环境（图4-14）。

图4-13　断奶后仔猪分群饲养

图4-14　给断奶后仔猪创造一个舒适的小环境

（3）有足够的占地面积与饲槽位置　断奶仔猪的占地面积以每头0.5～0.8米²为宜，每群一般以10头左右为宜，并设有足够的食槽与水槽位置，让每头仔猪都能吃饱、饮足，不发生争食现象（图4-15）。

(4) **防寒保温** 冬季或早春气候寒冷，可在仔猪睡觉的地方放置木板，上面安置烤灯取暖，以防仔猪发生感冒、腹泻等疾病（图4-16）。

图4-15 给断奶仔猪足够的空间与饲槽位置

图4-16 给断奶仔猪防寒保温

(5) **调教与卫生** 从小就要调教仔猪养成在固定地点采食、睡觉和排便的习惯。此外，猪圈应每天打扫，定期消毒，保持清洁卫生，以减少疾病的发生。

78. 保育猪有什么生理特点？

保育猪是指断奶到保育结束这一阶段的仔猪，又称断奶仔猪。一般指30～70日龄、体重在20～60千克的仔猪。保育猪有以下生理特点：

(1) **生长发育快** 保育猪的食欲特别旺盛，常表现抢食和贪食现象，此阶段称为猪的旺食时期。若是饲养管理得当，仔猪生长迅速，日增重可达500克以上。

(2) **抗寒能力差** 哺乳仔猪断奶后，由于体内能量贮存不足，体温调节机能较差（图4-17），一旦离开产房和母猪，则需要一个适应过程，若长期生活在18℃以下的环境中，其生长发育就会受到影响，而且还会诱发多种疾病，因此要注意保温。

（3）**对疾病易感** 由于断奶时仔猪基本失去母源抗体的保护，而自身的主动免疫功能又尚未完善，对疾病易感性高，尤其是对传染性胃肠炎、圆环病毒病等疾病都十分易感（图4-18）。

图4-17 保育猪怕冷，喜欢扎堆　　图4-18 断奶仔猪多系统衰竭综合征

79. 保育猪饲养管理中要注意哪些问题？

（1）**全进全出** 由于保育阶段正好是仔猪的被动免疫减弱、主动免疫产生的交替阶段，此阶段如果做不到全进全出，将给日常饲养管理带来困难。如果栏舍未彻底清洗，空栏消毒未达到预期效果，就会对断奶仔猪的健康造成不利影响。

（2）**保育舍环境控制** 做好保育舍的保温工作是日常管理的重点，一般舍内温度不能低于26℃。同时，注意舍内通风换气，特别是在保育后期，通风换气量应是前期的32倍以上（图4-19）。

（3）**疫苗注射引起的猪群应激** 频繁的免疫注射会使仔猪在接受断奶、环境改变、重新组群的应激之后，仍处于高度应激的状态中，给猪群带来很大的危害。因此，应提倡母

图4-19 保育舍内通风换气

仔免疫一体化，尽量减少仔猪的免疫次数。

（4）数据统计与问题分析　仔猪8周龄以上即进入快速生长期，而从8周龄到出栏的生长率在保育阶段已被确定。如果仔猪在保育期的生长速度受到影响而延迟生长，则育肥期的生长必将受到持续影响。这就需要一系列的数据来帮助发现问题，并对问题进行系统的分析，找出保育猪生长受阻的根源并及时解决，让损失降到最小。为此，人们根据保育阶段仔猪生长的快慢对育肥效果的影响总结出一个公式：

保育猪30千克体重的日龄×2.1＝达100千克体重的时间（天数）

80. 怎样挑选仔猪？

选好仔猪是养好育肥猪的基础和前提。要想挑选长得快、节省料、发病少、效益高的仔猪，需要从以下几个方面考虑：

一看：健康仔猪眼大有神、皮毛光洁、动作灵活、行走轻健；白猪皮色肉红，没有卷毛、散毛、皮垢、眼屎、异味，后躯无粪便污染，贪食、好强，常举尾争食。如果仔猪动作呆滞、跛行、卷毛、毛乱，有眼屎、后躯有粪便污染，多为病猪或不健康的仔猪（图4-20）。

图4-20　健康仔猪

二问：了解清楚仔猪的品种，以及仔猪是否经当地兽医部门的产地检疫并索要检疫合格证明，产地是否有某种传染病流行，猪群是否注射过猪瘟、猪伪狂犬病、猪口蹄疫、猪圆环病毒病和猪气喘病等疫苗。

三选：挑选同窝仔猪中体重大、身腰长、前胸宽、嘴短、后臀丰满、四肢粗壮而有力、体长与体宽比例合理、有伸展感的仔猪，不选"中间大，两头小"的短圆仔猪；挑选父本为外来良种的杂交仔猪，最好是三元杂交猪，不选地方品种的纯种仔猪；选择带有耳标（已注射免疫）的仔猪，不选没有经过防疫的仔猪。

> 【提示】挑选仔猪是养好猪的重要环节，仔猪的优劣直接影响将来的生产性能。

81. 如何饲养新购仔猪？

（1）做好仔猪购入前的准备工作　在准备购入仔猪前5～10天，先将栏舍清洗干净，尤其是饲养过病猪的栏舍，应全面、彻底地消毒。消毒可根据病原选用2%氢氧化钠溶液、2%～10%来苏儿溶液等。

（2）了解所购仔猪的基本情况　在购买仔猪时应了解仔猪以前喂料的种类，饲喂次数及时间。对新购仔猪要限饲4～5天，少喂勤添，每天喂6～8次，以后逐渐减少次数，日饲喂量控制在原日粮的70%左右，以后再逐渐增加，让其自由采食。购入仔猪的第1天，喂给0.1%高锰酸钾溶液，或口服补液盐、复合维生素，或在水中加入微生态制剂，并坚持供给充足的清洁饮水。饮水后让其自由活动。入圈后15天内严禁饲喂青绿多汁饲料。

（3）及时做好疫苗免疫　经7～10天的观察，在确定仔猪一切正常的情况下，对未预防接种的仔猪，按免疫程序进行猪瘟、猪圆环病毒病、猪伪狂病、猪气喘病及猪口蹄疫等疫苗的预防接种，预防传染病的发生。

（4）合理进行驱虫　新购入的仔猪经15～30天单独饲养后，若无疾病发生，可用盐酸左旋咪唑、伊维菌素等药物进行驱虫。

观察3～5天，如果仔猪没有异常表现和发病征兆，即可和其他仔猪并群。

(5) 增强仔猪消化能力，防止下痢　在仔猪饲料中添加强力霉素，每天每头添加0.4～0.8克。同时，为增强仔猪肠道适应能力，可在饲料中添加酵母粉或苏打片，连续饲喂7～10天。

> ➡ 【提示】切忌在仔猪装车或卸车时，给仔猪注射疫苗。

82. 什么时间给仔猪去势最适宜？

现代培育品种瘦肉型猪性成熟较晚，在高水平饲养条件下5～6月龄（体重达90～110千克）性成熟前即可上市销售。但公猪比母猪和去势猪长得快，因此饲养没有地方猪种参与的两

视频6　视频7

品种和三品种杂交瘦肉型猪，育肥时可只给公猪去势，不给母猪去势。

我国地方猪种性成熟早，肉猪饲养期长，供育肥的公、母猪都必须去势。供育肥的自繁公仔猪，一般可于哺乳期内10日龄左右（一般10～14日龄、体重3～4千克）去势，2天后刀口即可愈合，应激小；不留种用的小母猪可于1月龄以内（25日龄）去势（图4-21）。去势早，伤口愈合快，手术简便，后遗症少。

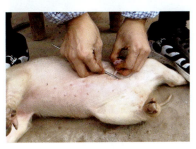
图4-21　小母猪去势

83. 如何使仔猪安全过冬？

（1）**猪群大小要适宜** 仔猪断奶后需要转群、分群和并群。最好原窝转群，分群和并群应视猪的大小合理安排。一般每群以10头左右为宜。当温度下降到6℃时仔猪就会堆垛，仔猪数越多，堆垛越高，弱小仔猪被压死的概率就越高（图4-22）。

视频8

（2）**保持猪舍温暖** 猪舍应背风向阳，入冬前要将猪舍封严，可在西、北墙外堆积玉米秸秆或稻草以阻挡西北风，夜间关闭门窗，并用草帘或秸秆遮挡门窗，防止冷风侵入。舍内要及时清除粪便，多铺垫草或木板，有条件的可设取暖设备，保持猪舍温度在6℃以上。

（3）**给猪群增加能量** 冬季气温低，日粮中要适当提高能量饲料的比例。白天增加饲喂次数，夜间可增喂一次。避免喂给猪冰冷湿料，饮用水适宜温度为25℃左右。冬季适当增加饲养密度（可比夏季时增加40%），既可促进猪互相争食，使其吃得饱、增重快，还可互相取暖（图4-23）。

图4-22 仔猪扎堆

图4-23 适当增加饲养密度，互相取暖

五、

肉猪生产

84. 什么叫商品瘦肉型猪？

商品瘦肉型猪是指以生产商品瘦肉为目的，体重90～110千克宰杀，瘦肉率在50%以上的杂种猪。即用瘦肉型猪种公猪作父本，与地方良种母猪、一代杂种母猪或外来良种母猪杂交生产的后代。一般以大约克夏猪（大白猪）作母本与长白猪公猪杂交所产的母猪为长大二元母猪，再与杜洛克公猪杂交所产的猪为杜长大三元猪，这种猪一般不能留作种用，全部作为商品瘦肉型猪（图5-1）。

图5-1　杜长大三元商品瘦肉型猪

85. 我国商品瘦肉型猪生产现状如何？

目前我国商品瘦肉型猪饲养量大、范围广，不仅大型集约化猪场饲养，而且在广泛的农村家庭也得到普及。按商品瘦肉型猪的瘦肉率高低一般分为3个类型。

（1）**纯种杂交猪**　指瘦肉率在60%以上，由2～3个外来瘦肉型品种杂交生产的后代，如长白猪与大约克夏猪杂交生产的杂种猪（图5-2）。这种猪瘦肉率高，生长速度快，饲料转化率高，但对饲料要求高，需要饲喂全价配合饲料。外贸基地和大型专业养殖户适宜饲养这种商品瘦肉猪。

图5-2　长大纯种杂交猪

（2）**二元杂交猪**　指用1个外来瘦肉型品种种公猪作父本，与1个地方良种母猪杂交所生产的后代，如长白猪公猪与太湖猪母猪杂交所产的猪（图5-3）。这种猪适合我国大多数地区饲养，特别是适合边远山区饲养，可充分利用当地的青、粗饲料和农副产品，提高经济效益。

（3）**三元杂交猪**　即由2个外来瘦肉型品种与1个地方良种母猪杂交生产的后代，如杜长太杂交猪（图5-4）。这种猪适合我国粮食充足、饲养条件好、商品饲料有保障的专业养殖户饲养。

图5-3　长太杂交猪

图5-4　杜长太杂交猪

86. 发展商品瘦肉型猪有什么好处？

(1) 产仔多，成活率高　瘦肉型母猪平均每窝成活仔猪数比普通猪多1～1.5头，断奶窝重提高30%～40%。

(2) 生长速度快，饲料转化率高　饲养瘦肉型猪，可提高饲料转化率20%～30%，生产1千克脂肪所消耗的饲料可供生产32千克瘦肉。

(3) 瘦肉率高　优良瘦肉型猪胴体瘦肉率在55%以上，与母本比较日增重可提高13%～53%，瘦肉率提高15%～20%，每头猪多产瘦肉11千克，节省饲料15千克，养猪效率提高30%以上。

(4) 经济效益高　瘦肉中含有动物性蛋白22%，易被人体吸收，还含有钙、磷、铁、B族维生素等营养物质。瘦肉适口性好，营养全面，适合各种人群食用，价格也高。因此，饲养瘦肉型猪，市场需求大，经济效益好。

87. 瘦肉型猪有哪几个生长发育阶段？

瘦肉型猪有3个生长发育阶段：小猪阶段、架子猪阶段、育肥阶段（图5-5）。

第一阶段：小猪阶段　　第二阶段：架子猪阶段　　第三阶段：育肥阶段
体重15～35千克　　　　体重35～60千克　　　　体重35～60千克

图5-5　瘦肉型猪的生长发育阶段划分

88. 育肥猪的生长发育有什么规律？

（1）**体重的绝对增重规律** 正常饲养条件下，育肥猪体重的增长是"慢—快—慢"的趋势，尤其是6月龄以后，生长速度明显减慢（表5-1）。

表5-1 猪体重的绝对增重规律

各月龄	初生仔猪	2月龄	3月龄	4月龄	5～6月龄
体重	1.0～1.2千克	17～20千克	35～38千克	55～60千克	70～110千克
日增重	7日龄内 110～180克	450～500克	550～600克	700～800克	800克左右

（2）**机体组织生长规律** 猪体三大组织（骨骼、肌肉、脂肪）的生长规律是不一样的，骨骼在4月龄前生长强度最大，随后稳定在一定生长水平；皮肤在6月龄前生长最快，其后稳定；脂肪的生长与肌肉刚好相反，在体重70千克以前生长较慢，70千克以后生长最快。总而言之，育肥猪机体组织生长遵循"小猪长骨，中猪长皮（指肚皮），大猪长肉，肥猪长油（脂肪）"的规律（图5-6）。

（3）**猪体化学成分变化规律** 随着猪年龄的增长，猪体内水分、蛋白质及脂肪含量都在发生变化（表5-2）。

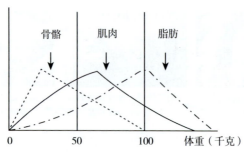

图5-6 猪体骨骼、肌肉、脂肪生长规律示意

表5-2   猪体组织主要化学成分含量变化（%）

阶段	水分含量	蛋白质含量	脂肪含量
初生仔猪	82	15.5	2.5
体重10千克	73	17	10
体重100千克	49	12	39

89. 瘦肉型猪育肥前要做好哪些准备工作？

（1）**圈舍消毒**   在进猪之前，应将圈舍进行维修，并清扫干净，彻底消毒。可用2%～3%氢氧化钠溶液喷雾消毒（图5-7），墙壁用20%石灰乳粉刷消毒。圈养条件下，圈内猪粪应彻底清除，并垫一层新土。

图5-7   圈舍喷雾消毒

（2）**选购优良仔猪**   要选购杂交组合优良、体重大、活力强、健康的仔猪进行育肥。

（3）**预防接种**   自繁仔猪应按兽医规程进行猪瘟、猪伪狂犬病、猪口蹄疫、猪圆环病毒病等疫苗的预防接种；外购仔猪，进场后必须全部进行一次预防接种，以免暴发传染病。

（4）**驱虫**   驱虫方法见表5-3。

表5-3   猪体驱虫方法

体内寄生虫	以蛔虫感染最为普遍，主要危害3～6月龄的仔猪，常选用阿维菌素、左旋咪唑等药物驱除
体外寄生虫	以猪疥螨最常见，常用2%敌百虫溶液遍体喷雾，同时更换垫草，一次治疗不愈时，间隔1周再喷一次，猪栏和猪能接触到的地方同时喷雾

注：在猪饲料中拌入伊维菌素一次喂服，可同时驱除体内线虫及体表疥螨、猪虱，操作方便且效果好。

90. 怎样安排瘦肉型猪快速育肥的工作程序?

瘦肉型猪快速育肥的基本工作程序:仔猪转群或分栏→饲养观察3～5天→第一次驱虫、洗胃→健胃促消化→增加营养→第二次驱虫、洗胃、健胃→出栏。

(1) 饲养观察 对分群或分栏后即将育肥的仔猪,先用常规饲养方法饲养3～5天,其间观察它们的变化。如果发现病情,应及时治疗;如果未发现病情或疾病已治愈,便可进行下一步工作。

(2) 第一次驱虫洗胃 饲养观察的第1天,若猪群处于正常状态,可用兽用敌百虫片,按每10千克体重2片的剂量,研细拌入适量饲料中让猪一次吃完。一般于驱虫后的第3天,用碳酸氢钠(小苏打)15克,于早餐拌入饲料给猪喂服,以清理胃肠。

(3) 健胃促消化 驱虫后的第5天,用大黄苏打片,以每10千克体重2片的剂量,研碎分3顿拌入饲料内喂服,以增强猪胃肠的蠕动,促进消化,同时可消除驱虫药和洗胃药可能引起的副作用。

(4) 增加营养 经过驱虫、洗胃、健胃后,猪胃肠内寄生虫被驱除,肠壁变薄,易于吸收营养物质,此时应饲喂配合饲料,增加猪的营养。

第一次驱虫、洗胃、健胃的2个月后,再按上述方法进行第二次驱虫、洗胃、健胃。按照这个程序,体重15千克左右的断奶仔猪,4月龄一般体重可达90千克以上。

> 【提示】给仔猪驱虫一定要控制用药剂量和时间,以防引起药物中毒。

91. 瘦肉型猪快速育肥的管理要点有哪些？

（1）定时定量　猪育肥期间的饲喂要有一定的次数、时间和数量，使猪养成良好的生活习惯，以保证其吃得多、睡得好、长得快。一般在饲喂前期每天宜喂5～6顿，后期喂3～4顿。每次喂食时间间隔应大致相同，每天的最后一顿要安排在晚上9点左右。每顿喂量要基本保持均衡，可喂八九成饱，以使猪保持良好的食欲。

（2）先精后青　若是自拌料饲喂，应先喂精饲料，后喂青饲料，并做到少喂勤添，一般每顿饲料分3次投喂，使猪在半小时内吃完，饲槽内不要有剩料。青饲料在投喂前要洗净，不要切碎，让猪充分咀嚼，把更多的唾液带入胃内，以利于饲料的消化。

（3）喂湿拌生料　饲喂生料既能保证饲料营养成分不受损失，又能节省人工和燃料。除马铃薯、木薯、大豆、棉籽饼等含有害物质需要熟喂或经过处理外，其他大部分植物性饲料均宜生喂。用浓缩料、预混料自拌饲料喂猪的，最好在饲喂前制作成湿拌料。

用湿拌料喂猪时，先把一定量的混合饲料（自拌粉料）放进桶（缸、池）内，然后按照1∶（1～1.5）的料水比加水，加水后不要搅动，让其自然浸泡40分钟左右，浸泡程度以用手抓饲料不出水、手松开后饲料散开为宜。这样能促进饲料软化，有利于猪胃肠道消化吸收，降低料重比。

（4）及时供水　猪舍内最好安装自动饮水器，让猪随时能饮足水。如采用湿拌料喂猪，在采食结束后，要让猪饮足水。冬、春季要供给温水。

（5）预防疾病　在引进猪之前，圈舍应进行彻底清扫和消毒，准备育肥的仔猪应做好各种疫苗接种。在育肥期间要注意环境卫生，制定严格的防病措施，为育肥猪创造舒适的生活环境，确保育肥猪健康无病。

(6) 适时出栏　猪生长到一定年龄后，随着体重增长，料重比逐渐增大，瘦肉率逐渐降低，养殖成本增高，因此要适时出栏。通常认为现代杂交肉猪4～5月龄、体重90～110千克时出栏最适宜。但从生产实践和经营的角度出发，体重只是确定何时出栏的一个方面。另一个方面是市场行情的变化以及与育肥效益有关的其他因素。

92. 中草药为什么对猪能起到催肥作用？

有些中草药具有健脾开胃、补气补血、清热解毒、抗菌驱虫、防病强身等功效，如艾叶、白芍、野山楂、稀土等，将其合理配合，根据猪不同生长阶段的生理特点适当添加饲喂，既可防病治病，又能促进增重(图5-8)。中草药作为饲料添加剂，来源广、价格便宜、加工方便、安全无害，不产生抗药性，在食用畜产品中无药物残留，饲喂育肥猪有较明显的促生长和保健作用。

图5-8　饲用中草药

93. 用于喂猪催肥的中草药饲料添加剂有哪些？

近年来，中草药饲料添加剂的应用与研究发展很快，可直接喂猪催肥的有500多种，其中常用的有以下几种：

（1）松针粉　在猪的日粮中加入2.5%～5%的松针粉，日增重可提高30%左右。

（2）艾叶粉　在猪的日粮中加入2%～3%的艾叶粉，日增重可提高5%～8%，节省饲料10%左右。

（3）槐叶粉　在猪的日粮中加入3%～7%的槐叶粉，日增重可提高10%～15%，节省饲料10%以上。

（4）葵花盘粉　在猪的日粮中加入3%的葵花盘粉，日增重可提高13%以上。

（5）薄荷叶粉　在猪的日粮中加入4%的薄叶粉，日增重可提高16%左右。

（6）鸡冠花　在肉猪的日粮中加入5%的鸡冠花或10%的茎叶粉，日增重可提高10%。

（7）野山楂　在猪的日粮中加入100千克去籽切碎的野山楂，可以增强猪的食欲，日增重可提高10%。

（8）党参叶　在仔猪的日粮中加入一定比例的党参叶，日增重可提高16%。

（9）麦芽粉　在哺乳仔猪、断奶仔猪和僵猪的日粮中加入4%的麦芽粉，日增重分别提高2.3%、15.13%和56.4%。

（10）葡萄渣　在后备母猪的日粮中加入10%～15%的葡萄渣，日增重可提高5%～7%，节省饲料35千克左右。

（11）沸石　在肉猪的日粮中加入5%的沸石，日增重可提高30%以上，育肥期缩短20天。

（12）稀土　在猪的日粮中加入0.06%的稀土，日增重可提高30%以上，节省饲料10%以上。

（13）白芍　每头猪每天喂白芍10千克，日增重可提高3%～5%；日粮中加入2%白芍，日增重可提高2%左右。

常用的猪催肥中草药处方有：追肥散、保健散、增重散、首乌合剂、肥猪灵、健胃生长剂等。

94. 无公害猪肉生产与有机猪肉生产有何不同？

无公害猪肉生产是指通过技术和管理等措施控制生产的猪肉。主要是对生猪生产中的饲养环境、饲料及饲料添加剂、动物保健品等生产资料，以及饲养管理、兽医防疫、无害化处理等生产环节进行监控，防止生猪及其产品中有害物质残留超标，使猪肉品质达到安全、优质、营养。

有机猪肉生产中的空气、土壤、水质都必须没有被污染，生猪是在通过认证（由第三方认证机构进行认证，并有证书和标志）的环境下生长，且食用的是天然饲料（饲料来源于有机种植业）。有机猪肉生产中使用的饲料不添加任何抗生素、生长激素及人工合成添加剂，同时要按照猪的自然生活习性进行养殖。有机猪肉生产比无公害猪肉、绿色猪肉生产要求更严格（图5-9）。

有机食品标志　　　　无公害农产品标志　　　　绿色食品标志

图5-9　食品和农产品认证标志

95. 不同季节饲养育肥猪应注意哪些事项？

（1）**春季防病**　春季气候温暖，青饲料鲜嫩可口，此时是养猪的适宜季节，但也是猪病多发的季节。春季空气湿度大，温暖潮湿的环境给病原创造了繁殖的条件，加之早春气温忽高忽低，

而猪群刚刚越冬，体质欠佳，抵抗力较弱，容易感染疾病，因此必须做好春季疫病防控工作。

(2) **夏季防暑**　夏季天气炎热，而猪汗腺不发达，尤其育肥猪皮下脂肪较厚，体内热量不易散发，且猪的耐热能力很差，到了盛夏，猪表现焦躁不安，食量减少，生长缓慢，容易患病。因此，夏季要着重做好防暑降温工作（图5-10），同时还应准备足够的凉水供猪饮用，并注意猪舍内驱蝇、灭蚊工作，保证猪的睡眠质量。

图5-10　夏季注意防暑降温

(3) **秋季育肥**　秋季气候适宜，饲料充足且品质好，有利于猪的生长发育。此时期应做好饲料的储备和猪的催肥工作。

(4) **冬季防寒**　冬季寒冷，猪体消耗的能力增多。因此，在寒冬到来之前，要认真修缮猪舍，防止冷风侵入。平时注意保持猪舍干燥、温暖，以减少不必要的能量消耗，同时还要适当增加饲料营养，以保证猪的生长和肥育。

96. 瘦肉型猪上市屠宰体重多少为宜？

为获得最佳的经济效益，应根据肉猪的日增重、饲料转化率、屠宰率、胴体品质和生猪行情来确定适宜的上市屠宰体重。就猪的日增重来看，一般都是前期较慢，中期较快，后期又变慢。就饲料转化率来看，猪越小越省饲料。据试验测定，育肥猪后期的增重耗料量是前期的2.25倍。虽然猪体重越大，屠宰率越高，但脂肪含量也越多，瘦肉率就越低，从而料重比也会增高。商品瘦肉型猪以活重90～110千克屠宰为宜，其中大型猪（如杜长大三元猪）以活重100～110千克屠宰为宜，中小型猪（如本地母猪与外来瘦肉型猪杂交生产的育肥猪）以活重90～100千克屠宰为宜；国内一些小型早熟品种以活重75千克、晚熟品种以活重85～95千克屠宰为宜。

六、 猪场规划与建设

97. 家庭养猪规模多大为宜？

家庭养猪的规模因各个家庭所处的地理位置、饲养技术水平、经济条件、经营管理水平以及当地养猪行情等不同而有很大差别。就目前我国家庭养猪的水平来看，开始时规模不宜过大，应由小到大、逐步发展。若是初次养猪，可以一个劳动力年出栏育肥猪30~50头（饲养二元母猪2头、购买精液人工输精）为宜。若有一定养猪经验，并具备较好的生产条件，则以年出栏100头育肥猪为宜。

98. 家庭规模养猪的生产模式有哪些？

确定养猪的生产模式主要考虑的因素有猪场的性质、规模、技术水平等。在国内外养猪生产中，生产模式是多样的，按猪活动的空间可分为3类：集约化饲养、半集约化饲养和散放饲养。

（1）集约化饲养 即完全圈养，也称定位饲养，现在通常采用母猪产床（母猪产仔栏），一般设有仔猪保温设备。集约化饲养的主要特点是猪场占地面积小，栏位利用率高，采用的技术和设施先进，可节约人力，提高劳动生产率，增加猪场经济效益。这种模式是典型的工厂化养猪生产，在世界养猪生产中被普遍采用（图6-1）。

图6-1 集约化饲养模式

（2）**半集约化饲养** 即不完全圈养，可以母猪与仔猪同栏，也可用栏位限制母猪，设有仔猪保温设备，或铺垫草用于冬季取暖。半集约化饲养的特点是圈舍占地面积大，设备一次性投资比集约化饲养低，母猪有一定的活动空间，利于繁殖。在我国有很多养猪企业采用这种模式（图6-2）。

（3）**散放饲养** 是传统的养猪模式，简称散养。随着人们生活水平的提高及环境保护意识的增强，加上动物福利事业的发展，使散放饲养模式生产的猪肉受到欢迎，所以散放饲养模式得到进一步的发展。散养的特点是母猪活动增加，有利于提高母猪繁殖机能，减少母猪的繁殖障碍；仔猪可随母猪运动，从而提高抵抗力。散养投资少、节水、节能，对环境污染小。但这种养猪模式受气候影响较大，占地面积大，推广应用有一定的局限性（图6-3）。

图6-2 半集约化饲养模式

图6-3 散放饲养模式

99. 工厂化养猪有什么特点？

工厂化养猪必备的条件是标准化猪群、标准化饲养、标准化环境、卫生防疫现代化、机械设备现代化、生产工艺现代化等。

总体上，工厂化养猪采用流水式生产工艺，具有许多特点：①养猪规模大；②选用体型外貌一致、生长发育均衡的杂交组合或配套系等；③因地制宜地选用机械化、自动化设备，如自动引水器、自动食槽、漏缝地板、自动清粪装置等；④占用土地面积大、工作人员少、劳动生产效率高；⑤采用科学的经营管理方法组织生产，使生产流程按照标准程序平稳地运转，产品保质保量（图6-4）。

图6-4 工厂化养猪

工厂化养猪还包括采用母猪限位饲养、断奶仔猪网上饲养的方法，使用全价配合饲料，实行严密的现代化卫生防疫措施及全进全出的流水式生产工艺等。

100. 怎样选择猪场场址？

新建猪场场址的选择是一项很重要的工作，将直接影响养猪的生产水平和经济效益，因此需要多方面考虑。

（1）地势和位置　场址最好选择在地势高燥和背风向阳的地方。地势高有利于排除场内的雨水和污水，有利于保持圈舍干燥与环境卫生；背风可以避免或减少冬季西北风对猪群的侵袭；向阳即猪场要朝南或朝东南，有斜坡，这样既有利于排水，又可以充分地利用太阳能采暖，减少能源消耗，降低饲养成本。地面一般以沙土为宜，不宜在低洼潮湿的地方建场。

(2) **水资源和水质** 猪场用水量较大，需要有充足的水源，水质应符合生活饮用水的卫生标准，且应取水方便，并确保水源不会受到污染，最好用地下水或自来水。

(3) **交通运输** 猪场的运输量较大，对外联系密切，故应建在交通比较方便的地区。但由于猪场的防疫要求高，且要防止对周围环境造成污染，因此猪场场址应选择在交通便利（必须避开交通主干道）又比较僻静的地方（图6-5）。场址还应远离医院、畜产品加工厂、垃圾及污水处理厂1 000米以上；禁止在旅游区、自然保护区、畜禽疫病区和环境污染严重的地区建场。

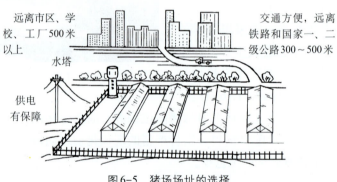

图6-5 猪场场址的选择

(4) **能源供应** 现代化水平较高的规模化猪场，机电设备较为完善，需要有足够的电力才能确保其生产正常运转，因此猪场应保障供电。为预防停电，猪场最好配备发电机。

(5) **排污与环保** 猪场周围应有农田、果园、菜园等，并便于排污自流，以就地消耗大部分或全部粪水。

专业养猪场与工厂化养猪场基本相同，场址选择主要考虑地势高燥、防疫条件好、交通方便、水源充足、供电有保障等条件。养猪规模越大，对这些条件要求越严格。

101. 猪场总体布局有什么基本要求？

大中型工厂化养猪场在进行猪场规划和安排建筑物布局时，应将近期规划与长远规划相结合，因地制宜，合理利用现有条件，在保证生产需要的前提下，尽量做到节约占地，并做好猪场粪便和污水处理。

根据上述原则，在总体布局上至少将猪场划分为生产区、管理区、生活区、隔离区等功能区（图6-6）。

图6-6　猪场场区规划布局示意

（1）**生产区**　该区是整个猪场的核心区，包括各类猪舍、消毒室（更衣室、洗澡间、紫外线消毒通道）、消毒池、兽医化验室、饲料加工调制车间、饲料储存仓库、人工授精室、粪尿处理系统等（图6-7）。该区应设置在猪场的适中位置，处于病猪隔离区的上风向或偏风方向，地势稍高于病猪隔离区，而低于生活区。生产区内种猪舍应设在离隔离区出口较远的位置，并与其他猪舍分开。公猪舍应位于母猪舍上风向、较偏僻的地

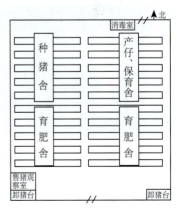

图6-7　猪场生产区布局示意

方，两者应相距50米以上；交配场应设在母猪舍附近，但不宜靠公猪舍太近；育肥猪及断奶仔猪舍设在进出口附近。这样既便于生产，又减少了种猪感染疾病的机会。

各类猪舍应坐北朝南而建，以保证充足的光照，达到冬暖夏凉；各类猪舍间应保持间距50米以上，各栋猪舍间应保持15～20米的安全距离。饲料调制室和仓库应设在与各栋猪舍距离均等的适中位置，且便于取水。

猪场生产区四周应设围墙，为防疫和隔离噪声，在猪场四周可种植隔离林（图6-8），猪舍之间的道路两旁应植树种草，绿化环境。

猪场内的道路应设净道和污道，人员、动物和物质运转应采取单一流向，进料道和出料道严格分开，生产区净道和污道分开，防止交叉污染和疫病传播。大门出入口应设值班室、人员更衣消毒室、车辆消毒通道和装卸猪（料）台。猪场生产区四周应设围墙，主门和生产区入口要有消毒池和消毒室（图6-9）。消毒池与门同宽，长为250厘米，深为15厘米。消毒室内应设置紫外线灯或喷雾消毒设施，并配备工作帽、工作服、雨靴或塑料鞋套等。

图6-8 猪场四周的隔离林

图6-9 猪场出入口设置消毒室、消毒池等

（2）管理区 包括办公室、后勤保障用房、车库、接待室、会议室等，是猪场与外界接触的门户，应与生产区分开，自成一

体，宜建在生产区进出口的外面、上风向处。

（3）**生活区** 包括职工宿舍、食堂、文化娱乐室、运动场等，应位于生产区的上风向。

（4）**病猪隔离区** 包括隔离舍、兽医室、病死猪无害化处理室和贮粪场等，一般应设在猪场的下风向位置。隔离舍和兽医室应距生产区150米以上，贮粪场应距生产区50米以上。

图6-10所示为一个饲养600头基础母猪的现代化猪场的平面布局示意。

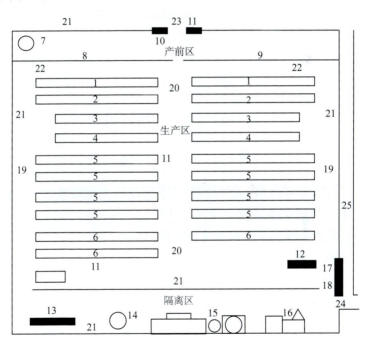

图6-10 600头基础母猪养猪场平面布局示意

1.配种室 2.妊娠室 3.产房 4.保育室 5.生长舍 6.育肥舍 7.水泵房
8.生活、办公用房 9.生产附属用房 10.门卫 11.消毒室 12.厕所
13.隔离舍及解剖室 14.死猪处理设施 15.污水处理设施 16.粪污处理设施
17.选猪舍 18.装猪台 19.污道 20.净道 21.围墙 22.绿化隔离带
23.猪场大门 24.粪污出口 25.场外污道

102. 猪舍的建筑形式有哪几种？

猪舍的建筑形式较多，可分为3类：开放式猪舍、大棚式猪舍和封闭式猪舍。

（1）**开放式猪舍** 分为单坡式、不等坡式、等坡式（图6-11），其建筑简单，节省材料，通风采光好，舍内有害气体易排出。但由于猪舍不封闭，猪舍内的气温随外界环境温度的变化而变化，不能人为控制，尤其是北方冬季寒冷，会影响猪的繁殖与生长。另外，此类猪舍相对占地面积较大。

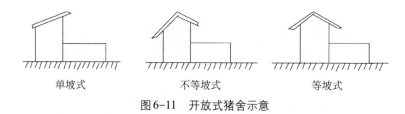

单坡式　　　　　　　不等坡式　　　　　　等坡式

图6-11　开放式猪舍示意

（2）**大棚式猪舍** 即用塑料薄膜搭建成大棚的猪舍，主要利用太阳光辐射调节猪舍内温度。其投资少，北方冬季养猪多采用这种形式。根据建筑上塑料薄膜的层数，将此类猪舍分为单层塑料棚舍和双层塑料棚舍。根据猪舍排列方式，此类猪舍可分为单列塑料棚舍（图6-12）和双列塑料棚舍（图6-13）。另外，还有半地下塑料棚舍（图6-14）、种养结合塑料棚舍等。

图6-12　单列塑料棚舍示意
1.猪栏　2.塑料棚　3.后墙
4.棚盖　5.过道

（3）**封闭式猪舍** 通常有单列封闭式猪舍、双列封闭式猪舍和多列封闭式猪舍3种。

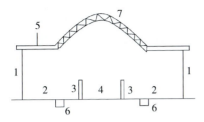

图 6-13　双列塑料棚舍示意

1.侧墙　2.猪栏　3.饲槽　4.过道
5.棚盖　6.粪尿沟　7.钢筋拱塑料膜

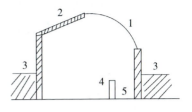

图 6-14　半地下塑料棚舍示意

1.塑料棚　2.猪舍后盖　3.地面
4.猪栏　5.过道

①单列封闭式猪舍：猪栏排成1列，靠北墙可设或不设过道，构造较简单，采光、通风、防潮好，适用于冬季不是很冷的地区（图6-15）。

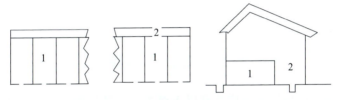

图 6-15　单列封闭式猪舍示意

1.猪栏　2.过道

②双列式封闭猪舍：猪栏排成2列，中间设过道，管理方便，利用率高，保温较好（图6-16）；但采光、防潮不如单列封闭式猪舍。

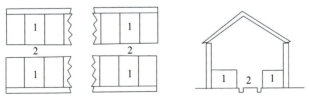

图 6-16　双列封闭式猪舍示意

1.猪栏　　2.过道

③多列封闭式猪舍：猪栏排列成3列或4列，中间设2~3条过道，保温好，利用率高（图6-17）；但构造复杂，造价高，通风降温较困难，适用于设备条件较好的猪场。

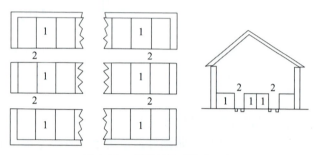

图6-17　多列封闭式猪舍示意
1.猪栏　2.过道

103. 建筑猪舍有哪些基本要求？

一栋理想的猪舍应达到以下要求：一是冬暖夏凉；二是通风透光，保持干燥卫生；三是便于日常操作管理；四是要有严格的消毒措施和消毒设施。

104. 如何设计育肥猪舍？

育肥猪舍一般不设运动场，单列式或双列式猪栏均可。栏内设一食槽，安装乳头式或鸭嘴式自动饮水器。饲养密度为：体重60千克以上的，每头猪夏季占有面积为1米^2，冬季占有面积为0.8米^2，每栏可养10~20头；仔猪每头占有面积为0.5米^2（图6-18）。

简易育肥猪舍：一般屋顶为不等坡式，地面铺水泥，后墙高

120厘米，前部半敞开，腰墙高30厘米，冬季用草帘或专用塑料帘遮盖保温；前部可砌砖柱屋顶，以放木梁。每个肉猪栏面积为250～400米^2，猪栏之间的腰墙高70厘米（图6-19）。

图6-18　育肥猪舍

图6-19　简易育肥猪舍

105. 网上养猪有什么好处？

　　网上养猪是国外20世纪70年代推出的一种能显著减少仔猪白痢，大幅度提高仔猪成活率和促进仔猪生长的培育技术（图6-20）。20世纪80年代末，我国北方等地区首先开始采用此项技术，收到显著的效果，仔猪成活率提高了20%以上，仔猪断奶个体重提高了40%。现

图6-20　网上养猪模式

在网上养猪工艺分两个阶段，即哺乳仔猪阶段和断奶仔猪阶段，设备也相应分为哺乳仔猪网床和育成猪网床两种。网床可连续使用10年以上，一般2年左右即可收回投资成本。

106. 商品猪场应抓好哪几项工作？

商品猪场应抓好以下几项工作：

（1）生产水平　抓好母猪的饲养管理，每头母猪年提供出栏育肥猪20头以上。

（2）仔猪成活率　加强饲养管理，保证断奶前仔猪成活率在90%以上。

（3）料源　根据猪的饲养头数及饲料的需求量，储备足够的饲料。

（4）蛋白质水平及饲喂量　根据猪的各阶段营养需要确定其蛋白质水平及喂料量，这样既能保证猪的生产成绩，又可节省饲料。

（5）防疫及治疗　每年春、秋两季按照猪场免疫程序给猪注射疫苗，每批猪出栏后猪舍要彻底消毒。平时要加强饲养管理，做好猪舍清洁卫生，勤观察，对疾病做到早发现、早治疗，以减少损失。

（6）市场信息　准确、及时地掌握市场信息，并遵循市场规律，适时出栏，争取养猪效益最大化。

107. 什么是生态养猪模式？

通过循环利用有限的自然资源，或者运用生态技术措施，改善养猪生态环境，按照特定的养猪模式投放无公害饲料（施用化肥、农药不超标）进行养殖，既能降低养殖成本，又能清洁环境，还能提高经济效益，这种养猪模式称为生态养猪模式。该模式下生产的猪称为生态猪。生态养猪模式主要有传统圈养、发酵床圈养和无圈饲养3种。

（1）**传统圈养模式** 传统的饲养模式都是与种植相结合。圈养猪的粪便是很好的有机肥，可以改善土壤肥力，而种植的农作物经过加工可以成为猪的饲粮，既节省了种植农作物的肥料成本，又可以生产优质猪肉。该模式适合小规模养殖。

（2）**发酵床圈养模式** 该模式是将垫料和猪粪便混合，让混合物发挥协同发酵作用，快速转化粪尿等养殖废弃物，同时能消除恶臭，抑制害虫、病菌。同时，发酵床里的有益微生物菌群能将垫料、粪便合成可供猪食用的糖类、蛋白质、有机酸、维生素等营养物质，能增强猪体抗病能力，促进其健康生长。该模式被广泛推广应用（图6-21）。

图6-21　发酵床圈养猪

（3）**无圈饲养模式** 无圈饲养模式即散养，就是把猪放到闲置的田地、山头、山沟等地使其自然生长，渴了到河边饮水，饿了到田地里寻找食物，自由活动。该饲养模式不仅猪肉品质好，而且能降低养殖成本。

> **【提示】** 生态养猪越来越受人们青睐，因此要因地制宜、充分发挥资源优势，大力发展环保生态养猪。

108. 推广发酵床养猪有什么好处？

使用发酵床养猪有六大好处：

（1）"五省" 即省水、省工、省料、省药、省电。

（2）"四提" 即提高肉品质、提高抗病能力、提前出栏、提高饲料转化率。

（3）"三无" 即无臭味、无蝇蛆、无环境污染。

（4）"二增" 即增加经济效益、增加环境效益。

（5）"一少" 即减少动物体内药物残留。

（6）"零排放" 即粪尿全部在圈舍垫料内降解，没有污水和粪便向外排放。

> 【提示】发酵床养猪的关键在于发酵床的管理，尤其是猪粪尿的分散和垫料的湿度。

109. 怎样用塑料棚舍养猪？

由于冬季猪舍内温度低，猪体生长慢，耗用饲料多，影响出栏率和经济效益。因此，在冬季可用塑料薄膜覆盖猪舍的开放面，以提高舍内温度。不同类型的猪对温度的要求不同，商品瘦肉型猪的适宜温度为14～23℃，以16～18℃为最佳（图6-22）。

图6-22 塑料棚舍养猪

注：塑料薄膜是覆盖圈外的露天部分，可以根据屋檐和圈墙情况，直接在框架上覆盖塑料薄膜，单层或双层均可

110. 应用塑料棚舍养猪需注意哪些问题？

（1）塑料棚舍养猪由于饲养密度较大，相对湿度很高，空气中氨气浓度也大，这样会影响猪的生长发育，因此棚舍要设置排气孔（图6-23），或适时揭开塑料薄膜通风换气，以降低舍内湿度，排出污浊气体。一般舍内相对湿度以60%～70%为宜。

图6-23　塑料棚舍上方设置排气孔

（2）为了保持棚舍内的温度，冬季在夜晚于塑料薄膜上再盖一层防寒草帘，以减少棚舍内温度的散失；夏季可除去塑料薄膜，但必须设遮阳网等，以降低棚舍内的温度。

（3）塑料棚舍的造型要合理，采光面积要大，保证冬季阳光能直射到北墙底部。

（4）塑料棚舍应建在背风、干燥、向阳处，一般为坐北朝南，并偏西5°～10°。这样在11—12月每天棚舍接受阳光照射的时间最长、获取的太阳能最多，有利于棚舍增温。

111. 什么是种养结合塑料棚舍养猪技术？

种养结合塑料棚舍养猪是近年推出的一项养猪技术。这种猪舍一部分用于养猪，另一部分用于种菜。种养结合塑料棚舍同单列式猪舍，一般在一列棚舍内有一半养猪，另一半种菜，中间设隔离墙（栏）（图6-24）。隔离墙上留有小洞，不封闭，这样可使猪舍内的污浊空气流动到种菜室，种菜室的新鲜空气可以流动到猪舍。

在条件允许的情况下，可在猪床位置下修建沼气池（图6-25），利用猪粪尿产生沼气，供照明、加热、取暖等，沼气渣、沼气液还可用作农作物的肥料。该技术适用于广大农村养猪户。

图6-24 种养结合塑料棚舍养猪

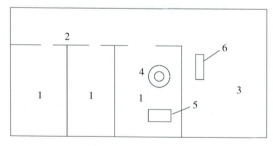

图6-25 种养结合养猪塑料棚舍平面示意

1.猪栏 2.过道 3.菜地 4.沼气出口 5.沼气料入口 6.沼气池出料口

112. 典型的家庭能源生态综合养猪模式是什么？

在家庭规模养猪中，单一养猪模式在经营管理得当的情况下，能取得较好的经济效益。但由于养猪的饲料是一次性利用，损失和浪费较大，因此如果采用能源生态综合养猪模式，可以使饲料多次增值利用，经济效益更好。

典型的家庭能源生态综合养猪模式是"猪沼果"模式。

"猪沼果"模式是以农户为基本单元，利用房前屋后的山地、水面、庭院等场地，通过建设畜禽舍、沼气池、果园等，使沼气池、畜禽舍和果园三者相结合，形成养殖-沼气-种植三位一体庭院经济格局，实现庭园生态良性循环典型案例。

"猪沼果"模式的基本运作方式是：沼气用于农户日常生活能源，沼肥用于果树或其他农作物，沼液作为饲料添加剂喂猪，果园套种蔬菜和饲料作物，满足庭园畜禽养殖饲料需求（图6-26）。

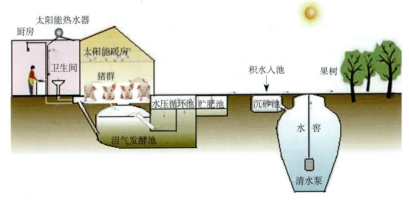

图6-26 "猪沼果"模式示意

"猪沼果"模式围绕农业主导产业，因地制宜开展沼液、沼渣综合利用。除养猪外，还包括养牛、养羊、养鸡等庭园养殖业；除与果树结合外，还与粮食、蔬菜、经济作物等相结合，构成"猪沼菜""猪沼茶""猪沼藕""猪沼鱼""猪沼稻"等衍生模式。例如，"猪沼稻"模式是先把养猪的粪便通过发酵处理后，施用到水稻地里作为水稻的有机肥料，待水稻长到一定程度再放养甲鱼，实现生态循环养殖，种植水稻不需要施用化肥和农药，生产出来的水稻和甲鱼也没有药物残留。

113. 什么是家庭楼房环保养猪模式？

家庭楼房环保养猪模式即在自家范围内可进行养殖的土地上，盖一座四层楼，每层楼高2米，宽度根据土地的情况和饲养规模而定，地下建造一个沼气池。楼房的一层饲养母猪；二层饲养断奶仔猪；三层和四层饲养育肥猪，单列或双列猪栏均可，并留有过道；楼的一侧设置一个滑梯供出猪用（图6-27）。这样的猪舍既省钱，又环保，很适合家庭养猪户使用。

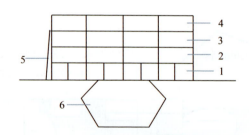

图6-27　家庭楼房环保养猪模式示意

1.一层　2.二层　3.三层　4.四层　5.滑梯　6.沼气池

七、猪病防治

114. 猪传染病发生和发展的条件有哪些？

凡是由病原微生物引起，具有一定的潜伏期和临床表现，并具有传染性的疾病统称为传染病。传染病的发生和发展必须具备以下3个互相联系的条件（图7-1）：

（1）具有一定数量和足够毒力的病原微生物。

（2）具有对该传染病有感受性的家畜（易感家畜）。

（3）具有可促使病原微生物侵入易感家畜体内的外界条件（传播途径）。

图7-1　猪传染病流行过程中的3个条件

115. 当前猪病流行有什么特点？

(1) 病原体变异情况增多　这导致新的疫病不断出现。我国20多年来新出现了30多种传染病，其中猪病就有7种，如猪繁殖与呼吸综合征、猪圆环病毒Ⅱ型感染、猪增生性肠炎等。

(2) 猪群的发病方式改变　猪病发生由原来的单一感染为主转为以混合感染或继发感染为主，我国流行的猪病呈现病原多元化的特点，既有病毒与病毒的混合感染，细菌与细菌的混合感染，也有病毒与细菌的混合感染，甚至有病原（病毒或细菌）与寄生虫或与非传染性疾病混合感染、共同发病的现象（图7-2）。

图7-2　猪血液原虫病混合感染

(3) 免疫抑制性疾病的威胁逐渐加剧　如猪繁殖与呼吸综合征、猪圆环病Ⅱ型感染、猪伪狂犬病、猪瘟、猪口蹄疫、猪流感等免疫障碍性疾病易继发感染猪传染性胸膜肺炎、猪肺疫、猪支原体肺炎、猪萎缩性鼻炎、仔猪副伤寒、猪大肠杆菌病、猪链球菌病等疾病。

(4) 猪呼吸道传染病日益突出　以猪肺炎支原体、猪繁殖与呼吸综合征病毒、猪圆环病毒Ⅱ型、放线杆菌、猪流感病毒等引起猪的呼吸道疾病日益突出，尤其是保育猪和生长猪的呼吸道疾病更为严重，且不易控制。

(5) 繁殖障碍综合征普遍存在　由猪繁殖与呼吸综合征、猪圆环病毒Ⅱ型感染、猪伪狂犬病、猪细小病毒病、猪流行性乙型脑炎、衣原体感染、猪弓形虫病和猪附红细胞体病造成的繁殖障碍较为普遍和严重。

（6）**高热综合征十分常见**　由多种病原以混合感染和继发感染等方式感染猪群，导致的高热综合征仍然普遍严重。

（7）**猪的非典型性疾病持续增多**　近年来非典型性疾病病例的数量明显增多，如猪瘟、蓝耳病、猪伪狂犬病等都出现了非典型病例，特别是不发达地区的养猪场、养猪户所饲养的猪发病率较高，给诊断与防治带来了很大难度。

（8）**肾病发生逐渐增多**　例如，除猪圆环病毒Ⅱ型感染可诱发猪皮炎与肾病综合征之外，猪细小病毒病、猪肺疫、猪传染性胸膜肺炎、猪链球菌病等发生后也可引发该病。

（9）**消化道疾病非常广泛**　无论是现代规模养殖场，还是中小规模的养殖专业户或散养户，猪的消化道疾病均有发生，占疾病发生的35%~45%，且大多是饲养管理不当造成的。

（10）**耐药性严重**　抗生素的乱用、滥用，使得病原菌的耐药性逐渐增强。

116. 养猪为什么要进行防疫？

猪病特别是传染病，是养猪生产的大敌。现代养猪饲养密度大、物流发达，一旦猪场发生传染病，尤其是烈性传染病，不仅会造成大批猪死亡，而且在采取检疫、隔离、封锁、消毒等补救措施时，也需要耗用大量的人力、物力、财力等，将造成巨大的经济损失。而且很多传染病发生以后，是无药可治的。因此，必须做好防疫工作。

在猪病防疫中，要控制传染源，切断传染途径，净化易感猪群。

（1）**控制传染源**　将发病或携带病原微生物的猪及时隔离并单独饲养，将疾病严格控制在较小的范围内，严禁将发病的猪、被污染的饲料及粪尿污物传播出去。病猪无法治愈的实施捕杀或淘汰。对病死猪要进行深埋或销毁等无害化处理，以消灭传染源，这是预防传染病最基本的方法。

（2）切断传播途径　对疫区进行封锁，将用具、饲料等严格分开。对病猪接触过的地方进行严格消毒，如圈舍、垫草、用具及饲养员的衣物等，以切断一切传播途径，这是预防传染病的必要办法。

（3）净化易感猪群　根据免疫程序适时给猪进行免疫接种，使其产生坚强的免疫力。降低猪的易感性是预防猪发生传染病最根本的保证。

117. 养猪常见的免疫抑制性疾病有哪些？

免疫抑制性疾病是指能抑制与免疫反应有关的细胞（如T细胞、B细胞等巨噬细胞）的增殖和功能，降低机体免疫反应的疾病。猪群一旦感染了免疫抑制性疾病，将会导致机体抗病力明显下降，对疾病的易感性增强，各种传染病就会乘虚而入，甚至造成严重的混合感染。

许多病原微生物均可诱使猪体产生明显的免疫抑制（表7-1）。

表7-1　猪的主要免疫抑制性疾病

病原	疾病名称
病毒	猪繁殖与呼吸综合征（蓝耳病）、猪圆环病毒Ⅱ型感染（猪圆环病毒病）、猪瘟、猪伪狂犬病、猪口蹄疫
支原体	猪支原体肺炎（猪气喘病）、猪附红细胞体病（嗜血支原体感染引起）
细菌	猪副嗜血杆菌病

118. 猪场必须制定哪些卫生防疫制度？

为了预防、控制猪的传染病，保护猪场的正常生产和健康发展，猪场必须建立严格的兽医卫生防疫制度和生产管理承包责任制度，由主管兽医负责监督执行；还要制定猪舍疫情报告制度，以及检疫消毒、预防接种、驱除体内外寄生虫制度，提倡科学管理和采用全价配合饲料饲养，坚持自繁自养的原则。

119. 为什么提倡母仔猪免疫一体化程序？

如果接种疫苗过多，必将对猪体产生不良影响，尤其是哺乳仔猪。目前，许多猪场为了加强防疫，仔猪从出生到断奶要进行四五次接种，再加上断奶、去势，仔猪的应激很大。如何既能保证仔猪的免疫效果，又能减少仔猪接种疫苗的次数，避免应激，最好的办法是实施母仔猪免疫一体化，即通过给妊娠母猪合理地进行免疫接种，提高初乳中的母源抗体水平，使哺乳仔猪通过吸吮初乳而获得足够的母源抗体，则能减少仔猪哺乳期间的免疫次数（表7-2）。

表7-2　猪场母仔猪免疫一体化程序

类别	免疫方法
妊娠和经产母猪	▲ 妊娠60天，注射猪伪狂犬病灭活疫苗，2头份 ▲ 妊娠70天左右，注射猪圆环病毒病疫苗，2毫升 ▲ 妊娠80天左右，注射猪气喘病灭活疫苗，2头份 ▲ 妊娠90天，注射猪口蹄疫灭活疫苗，2头份 ▲ 产后10天，注射猪气喘病灭活疫苗，2头份 ▲ 产后21天或28天，注射猪瘟弱毒活疫苗，5头份

（续）

类别	免疫方法
仔猪	▲ 1日龄，猪伪狂犬病基因缺失疫苗滴鼻，1头份 ▲ 10日龄，注射猪气喘病疫苗或副猪嗜血杆菌疫苗，2头份 ▲ 21日龄或28日龄，注射猪瘟弱毒活疫苗，2头份 ▲ 35日龄，注射猪伪狂犬病疫苗，1头份 ▲ 45日龄，注射猪口蹄疫疫苗，1头份 ▲ 55日龄，注射猪气喘病疫苗，2头份 ▲ 65日龄，注射猪瘟疫苗，4头份

120. 猪场的防疫措施有哪些？

（1）猪场四周要有围墙，猪场生产区和猪舍门口要设消毒池，池内放2%氢氧化钠溶液或20%石灰乳等。消毒液要及时更换，经常保持有效浓度。严禁一切外来动物进入场内，严禁将购买的猪肉及其制品带入饲养区，闲杂人员和外来人员不准进入猪舍。

视频9

（2）猪舍应保持通风良好、光线充足、室内干燥等；经常注意检查饲料品质，禁止给猪饲喂不清洁、发霉、变质的饲料；饲料加工厂也应具有防疫消毒措施；工作人员出入猪舍必须彻底消毒、更衣、换鞋等。

（3）根据猪的生长发育和生产需要，供给所需的全价配合饲料。

（4）猪粪要堆积发酵或用蓄粪池发酵，利用生物热消灭粪便中的病原微生物。

（5）每年进行1～2次猪体内、外寄生虫的驱虫工作。

（6）猪舍和用具每年至少于春、秋季进行2次彻底清扫、消

毒，每月进行1次常规消毒，消毒药常用2%氢氧化钠溶液或0.5%过氧乙酸。饲养用具先用热氢氧化钠溶液消毒，再用清水洗涤，晒干后使用。育肥猪舍和分娩舍采取"全进全出"的消毒方法（图7-3）；每批猪出栏后彻底消毒猪舍，空圈1周后方可进猪。不能实行"全进全出"的猪舍要进行定期消毒。

图7-3　猪舍采取"全进全出"式消毒

（7）兽医人员和饲养人员在工作期间必须穿工作服和工作鞋，工作结束后要将工作服和工作鞋留在更衣室内，严禁带出场外。工作服、工作鞋要经常消毒，保持清洁。

（8）新引进种猪须隔离观察。为确保猪场安全，防止疫病传入，必须从非疫区购入种猪，且经当地兽医部门检疫后签发检疫合格证书，再经本场兽医验证。购入种猪隔离观察1个月以上，经检查确认为健康后全身喷雾消毒，方可入舍混群。

> ➡️ 【提示】做好消毒工作，防止病原体传播，是预防传染病发生的重要环节。

121. 猪场（猪群）发生传染病怎么办？

（1）当猪场（猪群）发生传染病或疑似传染病时，应立即隔离病猪并进行消毒（图7-4），尽快确诊，并逐级上报。当病因不明或剖检不能确诊时，应将病料及时送交有关部门检验。对尚未发病的猪及其他受威胁的猪群，要紧急预防接种或进行药物预防（图7-5），并加强观察，注意疫情发展动态。

图7-4　封锁疫区，带猪消毒

图7-5　猪群紧急接种

（2）确诊为传染病时，应尽快采取紧急措施（图7-6）。

图7-6　猪场发生传染病时要采取紧急措施

（3）被传染病污染的场地、用具、工作服等，必须彻底消毒，粪便及垫草应烧毁。消毒时应先将圈舍中的粪尿污物清扫干净，清除地面表层土壤（水泥地面的应清洗干净），再用消毒药彻底消毒。确诊猪群发生传染病时，根据传染病的种类，划定疫区进行封锁，并对全场猪进行仔细的检查，病猪及可疑病猪应立即分别隔离观察和治疗，同时全场进行紧急消毒，尽可能缩小病猪的活动范围。病猪的尸体不能随便抛弃，更不能屠宰，必须进行烧毁、深埋或化制等无害化处理（图7-7）。

图7-7　病死猪无害化处理

122. 新购仔猪如何进行防疫？

(1) 购买仔猪前要调查仔猪产地的疫病流行情况，只能从无疫病流行的地区采购仔猪，并同时索要当地兽医部门开具的检疫合格证明。

(2) 新购入的仔猪要隔离饲养15天，确定无病后才能与原有的猪群混养（图7-8）。新购仔猪第1天不喂食，只供给含白糖5%～8%、食盐0.3%、新霉素0.01%的饮水，让其自由饮用，以防止发生应激反应；第2～4天喂流食；第5天开始喂常规饲料。

图7-8　新购入仔猪要隔离饲养

(3) 仔猪经1周适应期后，即可实施预防接种。在购入后的第8天注射猪瘟疫苗。注射前后均用酒精棉球局部消毒，一头猪换一个针头，用过的针头未经煮沸消毒不许再用。疫苗稀释最好用生理盐水，稀释后必须在4小时内用完，未用完的应废弃。

(4) 在新购入仔猪实施免疫接种后的第3天，选用高效、低毒、安全的驱虫药物，如左旋咪唑、丙硫咪唑进行驱虫。将药品研碎拌在少量精饲料中给仔猪喂服，剂量为每千克体重左旋咪唑10毫克或丙硫咪唑3～5毫克，每天1次，连用2天。

123. 如何采集和保存病料？

（1）病料采集　当怀疑猪群发生传染病时，除根据临床表现和病理剖检进行诊断外，有些传染病还需及时采集病料送兽医检疫部门进行实验室检测。

所采集的病料应力求新鲜，最好在病猪临死前或死后2小时内采集；病料应尽量避免杂菌污染，可事先对器械进行严格消毒，做到无菌采集；对危害人体健康的病猪，须注意个人防护并避免病原扩散。当难以判断何种传染病时，可采集全身各器官组织或有病变的组织；对专嗜性传染病或某种器官病变为主的传染病，应采集相应的组织；对流产的胎儿或仔猪可整体包装送检；对疑似炭疽的病猪严禁解剖，但可采集耳尖血涂片送检，采集血清应注意防止溶血，每头猪采全血10～20毫升（图7-9），静置后分离血清。

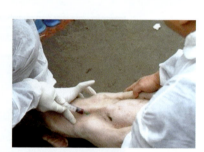

图7-9　猪的前腔静脉采血

（2）病料保存　采集的新鲜病料应快速送检。①对细菌检验材料，将采取的组织块保存于30%甘油缓冲液中，容器加塞封固；②对病毒检验材料，将采取的组织块保存于50%甘油生理盐水中，容器加塞封固；③对血清学检验材料，组织块可用硼酸处理或食盐处理，血清等材料可每毫升加入1滴3%石炭酸溶液。

124. 猪场应常备哪些药物？

猪场常备药物见表7-3。

表7-3　猪场常备药物

类别	药物名称
抗菌 药物	①四环素类：包括四环素、金霉素与土霉素 ②氨基糖苷类：包括链霉素、双氢链霉素、新霉素、卡那霉素、庆大霉素与丁胺卡那霉素 ③青霉素类：包括青霉素G钾、青霉素G钠和氨苄青霉素 ④大环内酯类：包括红霉素、螺旋霉素、泰乐菌素等 ⑤磺胺类：包括磺胺嘧啶、磺胺甲基嘧啶、磺胺二甲基嘧啶、复方新诺明等 ⑥喹诺酮类：包括环丙沙星、恩诺沙星等
驱虫 药物	①丙硫咪唑和左旋咪唑：可驱除线虫与某些吸虫、绦虫 ②敌百虫：可驱除线虫与体外寄生虫，并能驱除姜片吸虫与鞭虫等 ③伊维菌素和阿维菌素：一次可驱除多种体内、外寄生虫 ④敌杀死：猪舍喷雾可杀蚊蝇，也可驱杀猪体虱、螨等
其他 药物	口服补液盐、解热药、强心药、解毒药等；外用消炎药，如酒精、碘酊、龙胆紫等

注：抗菌药物既可用于治疗细菌感染引起的疾病，也可用于病毒引起的疾病，可减少并发症的发生。抗菌药物种类很多，同类药物常可互相取代，因此每类药物只准备一两种即可。

125. 养猪常用的生物制品有哪些？

猪用生物制品是指用于预防、治疗、诊断猪特定传染病或其他有关疾病的菌苗、疫苗、虫苗、类毒素、诊断制剂和抗血清等制品。

按照其用途分为预防用生物制品、治疗用生物制品和诊断用生物制品三大类（表7-4）。

表7-4　猪场常用生物制品

类别	药物名称
预防用生物制品	①疫苗，可分为两类： 一类是活毒或弱毒疫苗，如猪瘟兔化弱毒冻干疫苗； 另一类是死毒疫苗或灭活疫苗。制成这种疫苗的病毒已被化学药品或其他方法杀死或灭活，如猪口蹄疫O型灭活油佐剂疫苗、猪蓝耳病灭活疫苗等 ②菌苗，可分为两类： 一类是毒力减弱的由细菌制成的活菌苗，如Ⅱ号炭疽芽孢菌苗、布鲁氏菌Ⅱ号活菌苗等； 另一类是用化学方法或其他方法杀死细菌后制成的死菌苗，如猪丹毒灭活疫苗、副猪嗜血杆菌灭活疫苗等 ③类毒素，如破伤风类毒素 ④虫苗
治疗用生物制品	①抗血清，如抗猪瘟血清、抗炭疽血清等，主要用于治疗传染病，也可用于紧急预防 ②抗毒素，主要用于治疗或紧急预防传染病，如破伤风抗毒素
诊断用生物制品	用于检测相应抗原抗体或机体免疫状态的一类制品，包括菌素、毒素、诊断血清、分群血清、分型血清、因子血清、诊断菌液、抗原、抗原或抗体致敏血清、免疫扩散板等，如用于诊断结核病的结核菌素、马传染性贫血琼脂扩散试验抗原、炭疽沉淀素血清等

注：对于猪寄生虫病，现在大多选用药物进行驱虫和预防，很少使用疫苗。

126. 食品动物禁用的兽药及其他化合物有哪些？

为进一步规范养殖用药行为，保障动物源性食品安全，根据《兽药管理条例》有关规定，农业农村部修订了食品动物中禁止使用的药品及其他化合物清单（中华人民共和国农业农村部公告第250号）（表7-5），并于2019年12月27日发布施行。食品动物中禁止使用的药品及其他化合物以该清单为准，原农业农村部公告第193号、235号、560号等文件中的相关内容同时废止。

表7-5　食品动物中禁止使用的药品及其他化合物清单

序号	药物及其他化合物名称
1	酒石酸锑钾（Antimony potassium tartrate）
2	β-兴奋剂（β-agonists）类及其盐、酯
3	汞制剂：氯化亚汞（甘汞）（Calomel）、醋酸汞（Mercurous）、硝酸亚汞（Mercurous nitrate）、吡啶基醋酸汞（Pyridyl mercurous acetate）
4	毒杀芬（氯化烯）（Camahechlor）
5	卡巴氧（Carbadox）及其盐、酯
6	呋喃丹（克百威）（Carbofuran）
7	氯霉素（Chloramphenicol）及其盐、酯
8	杀虫脒（克死螨）（Chlordimeform）
9	氨苯砜（Dapsone）
10	硝基呋喃类：呋喃西林（Furacilinum）、呋喃妥因（Furadantin）、呋喃它酮（Furaltadone）、呋喃唑酮（Furazolidone）、呋喃苯烯酸钠（Nifurstyrenate sodium）
11	林丹（Lindane）
12	孔雀石绿（Malachite green）
13	类固醇激素：醋酸美仑孕酮（Melengestrol acetate）、甲基睾丸酮（Methyl testosterone）、群勃龙（去甲雄三烯醇酮）（Trenbolone）、玉米赤霉醇（Zeranal）
14	安眠酮（Methaqualone）
15	硝呋烯腙（Nitrovin）
16	五氯酚酸钠（Pentachlorophenol sodium）
17	硝基咪唑类：洛硝达唑（Ronidazole）、替硝唑（Tinidazole）
18	硝基酚钠（Sodium nitrophenolate）
19	己二烯雌酚（Dienoestrol）、己烯雌酚（Diethylstilbestrol）、己烷雌酚（Hexoestrol）及其盐、酯
20	锥虫砷胺（Tryparsamile）
21	万古霉素（Vancomycin）及其盐、酯

127. 猪场常用的消毒方法有哪几种？

（1）**生物热消毒法** 此法用于猪的粪便、垫草、污物的无害化处理。将猪粪、污物等采取堆积发酵的方法，可使其温度达到70℃以上，经过一定时间可杀死芽孢以外的细菌、病毒、寄生虫卵等病原体，以起到消毒作用。

（2）**物理消毒法** 即利用阳光照射、干燥、高温（包括煮沸、火焰焚烧等）杀灭病原体。阳光的光谱中含有紫外线，有较强的杀菌灭毒能力；阳光的灼热可造成水分蒸发、干燥，亦有杀灭病菌的作用。一般的病毒和不产生芽孢的细菌，在阳光照射下几分钟至数小时内就可被杀死。火焰焚烧法多用于抵抗力强的病原体、病死猪尸体和垫草污物等的消毒（图7-10）；煮沸和蒸汽法多用于一般病原体的消毒。

（3）**化学消毒法** 即利用化学药物的作用杀死细菌和病毒，以达到消毒目的的方法（图7-11）。在选择化学消毒剂时，应考虑对人畜毒性小、广谱高效、不损害被消毒物体、易溶于水、在消毒的环境中稳定、不易失去消毒效力、价格低廉和使用方便。

图7-10 火焰焚烧法消毒

图7-11 化学消毒法消毒

128. 养猪常用的消毒药物有哪些？

养猪生产中常用的消毒药物见表7-6。

表7-6   猪场常用消毒药物及其应用

类别	药物名称及应用
酒精	常用75%酒精消毒猪体表皮肤，在治疗、预防注射时，多采用酒精棉消毒
碘酊	常用5%碘酊作为皮肤消毒剂，仔猪去势时可作为刀口消毒剂，以防止创口感染
煤酚皂（来苏儿）	一般用3%～5%来苏儿溶液消毒非芽孢污染的猪圈、食槽、用具、场地等，1%～2%的溶液可用于手及手背的消毒
氢氧化钠（火碱）	通常应用2%的热溶液喷洒消毒被病毒、细菌污染的猪舍、场地、车辆、用具、排泄物等
草木灰	常用30%新鲜干燥草木灰热溶液喷洒消毒或洗刷被病毒污染的猪舍、场地、车辆、用具、排泄物等
生石灰	常用10%～20%的乳剂涂刷猪舍墙壁、用具，泼洒地面，用于菌类的消毒
漂白粉	常用5%～20%混悬液对细菌、病毒污染的猪舍、场地、车辆、用具等喷洒消毒；20%混悬液可用于芽孢消毒（应消毒5次，每次间隔1小时）
过氧乙酸	常用0.2%～0.5%溶液喷洒或熏蒸消毒猪舍、墙壁、地面、用具、食槽等
高锰酸钾	配成0.1%～0.2%溶液用于黏膜、创面或饮水消毒。用0.1%～0.2%溶液给猪饮水，可预防某些传染病；与福尔马林混合后使用，可用于熏蒸消毒
福尔马林（甲醛溶液）	配成1%～5%溶液喷淋消毒，并可在密闭猪舍内熏蒸消毒10～24小时，每立方米用本品20～80毫升，加10～40克高锰酸钾，对细菌芽孢、霉菌、病毒和一些寄生虫卵及幼虫均有杀灭作用
过硫酸氢钾	配成1%～2%的过硫酸氢钾溶液喷洒消毒，因其渗透能力极强，一般30分钟能杀灭猪瘟病毒、猪圆环病毒、猪口蹄疫病毒、大肠杆菌等。可以带猪消毒、清理水线，使用安全高效，副作用小

129. 预防猪病常用疫（菌）苗有哪些？

常用于预防猪病的疫（菌）苗见表7-7。

表7-7　预防猪病常用疫（菌）苗

疫苗名称	状态	稀释剂	剂量	使用方式	使用效果
猪瘟兔化弱毒疫苗	冻干苗	生理盐水	1毫升	肌内注射	4天产生免疫力，2月龄以上猪免疫期1年
猪丹毒氢氧化铝甲醛菌苗	乳状液		5毫升	皮下注射	注射后14～21天产生免疫力，免疫期6个月
猪丹毒弱毒冻干菌苗	冻干苗	生理盐水	1毫升	皮下注射	注射后7天可产生免疫力，免疫期9个月
猪肺疫氢氧化铝菌苗	乳状液		5毫升	皮下注射	注射后14天可产生免疫力，免疫期9个月
猪肺疫弱毒菌苗		冷开水	5亿菌量	拌料饲喂	服后21天产生免疫力，免疫期3个月
猪瘟-猪丹毒-猪肺疫三联苗	冻干苗	氢氧化铝胶生理盐水	1毫升	肌内注射	注射后14～21天产生免疫力，猪瘟免疫期1年，猪丹毒和猪肺疫免疫期6个月
仔猪副伤寒弱毒冻干菌苗	冻干苗	氢氧化铝溶液	1毫升	肌内注射	注射后7天可产生免疫力，免疫期6个月
仔猪红痢菌苗	冻干苗	氢氧化铝胶生理盐水	10毫升	肌内注射	注射后7天可产生免疫力，免疫期6个月
猪口蹄疫灭活疫苗	乳状液	生理盐水	2～3毫升	皮下注射	体重10～25千克2毫升，25千克以上3毫升，注射后14天可产生免疫力，免疫期1年

（续）

疫苗名称	状态	稀释剂	剂量	使用方式	使用效果
猪水肿病油佐剂灭活疫苗	油乳剂	生理盐水	2毫升	肌内注射	免疫期注射后10～14天产生免疫力，免疫期6个月
猪细小病毒病疫苗	液体	生理盐水	2毫升	深部肌内注射	免疫期注射后10～14天产生免疫力，免疫期6个月
猪气喘病弱毒疫苗	液体	生理盐水	5毫升	胸腔注射	注射后60天可产生免疫力，免疫期长达8个月以上
猪乙型脑炎弱毒疫苗	冻干苗	专用稀释液	2毫升	皮下或肌内注射	注射后7天可产生免疫力，免疫期长达12个月以上
猪伪狂犬病灭活疫苗	油乳剂	专用稀释液	2毫升	肌内注射	断奶时每头注射2毫升，间隔28～45天加强免疫1次，母猪产前1个月免疫接种1次，种用公猪每年免疫2次，每次剂量为2毫升，免疫期6个月
破伤风抗毒素	油乳剂	专用稀释液	3 000～5 000单位	皮下注射	在猪受伤、手术、去势后，可用于紧急预防破伤风

130. 使用疫苗时应注意哪些问题？

（1）使用前要了解当地是否有疫情，然后决定是否使用及用何种疫苗。

（2）使用时要认真检查疫苗，仔细阅读疫苗说明书，检查瓶口、胶盖是否密封，对瓶签上的名称、批号、有效期等做好记录，不能使用过期、冻干苗失空皱缩的、瓶内有异物的疫苗。

（3）稀释及接种疫苗的用具，使用前后必须洗净消毒。

（4）疫苗稀释后要充分振荡药瓶，吸取疫苗时在瓶塞上固定一个专用针头，并放在阴暗处。如用注射法接种，每头猪需换一个消毒过的针头。稀释或开瓶后的疫苗，要在规定的时间内用完。

（5）口服菌苗若拌料饲喂的，严禁拌于酸败、发酵等偏酸性饲料中，且禁止用热水和温度高的饲料拌服，以免失效。

（6）给妊娠母猪进行接种时动作要轻柔，以免引起机械性流产。配种后60天以内和临产前15天以内不要注射疫苗，以防引起流产。妊娠母猪不宜使用猪瘟疫苗、猪细小病毒病活疫苗和猪布鲁氏菌病活疫苗。

131. 如何缓解疫苗免疫的应激反应？

（1）**应激反应**　疫苗免疫的应激反应是指在疫苗接种过程中，机体在产生免疫应答的同时，本身也受到一定程度的损伤。通常情况下，猪注射疫苗后，常常会发生体温升高、饮食量下降、泌乳减少、死淘率增加等应激反应，但一般会在3～10天后恢复正常，个别猪会延迟恢复，给养猪生产带来一定的经济损失。

例如，给猪注射O型口蹄疫灭活疫苗后，猪的免疫应激反应普遍且比较强烈，当天下午注射后，第2天猪基本不进食，皮肤发红，直到第3～4天才慢慢康复，严重时可导致猪死亡。给仔猪注射猪瘟疫苗后，几秒至数分钟内仔猪表现呕吐、呼吸困难、四肢抽搐、角弓反张等应激反应（图7-12）。

图7-12　仔猪注射疫苗时出现应激反应

（2）缓解措施

①强化养殖人员的免疫意识，规范操作流程：妥善运输和保管疫苗，免疫前做好充分准备，严格、正确地按免疫程序和疫苗使用说明书进行操作；疫苗现配现用，无菌免疫。

②加强营养，保持猪体的健康：注射疫苗前3天可以用黄芪多糖、电解多维给猪饮水、对消除或缓解应激反应可起到很大作用。猪注射疫苗后，若能及时投药3天也能很快消除应激反应。

132. 养猪户怎样自辨猪病？

一看猪的精神状态：病猪精神委顿、行走摇摆、动作呆板、反应迟钝，或在圈内打转，或横冲直撞，或痴立不动。

二看猪的双眼：眼结膜苍白，常见于贫血或内脏出血等；眼结膜充血、潮红，是某些器官有炎症或热性病的表现；眼结膜紫红色，多为血液障碍所致，常见于疾病的后期。

三看猪的鼻盘：鼻盘干燥、皲裂，是体温升高的表现（图7-13）；鼻腔有分泌物流出，多为呼吸器官有病的象征；鼻、口、蹄部若有水疱、糜烂，可能是水疱病、口蹄疫或疱疹。

四看猪的尾巴：尾巴下垂不动（图7-14），手摸尾巴根部冷热不均、无反应，表示有病。

图7-13　病猪的鼻盘

图7-14　病猪的尾巴

五看猪的被毛皮肤：皮肤苍白，是各种贫血的症状；皮肤有出血，应考虑有败血症的可能；皮肤发黄，则为肝胆系统与溶血性疾病（图7-15）；皮肤发绀，常见于严重呼吸循环障碍；皮肤粗糙、肥厚，有落屑、发痒，常为癣病、湿疹的症状。

六看猪的腰部外形：猪的腰部显著膨大，呼吸急促，有肠梗阻与肠扭转的可能；如腹围缩小，骨瘦如柴，体质弱，多见于营养不良和慢性消耗性疾病（图7-16）。

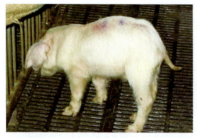

图7-15　病猪的被毛皮肤

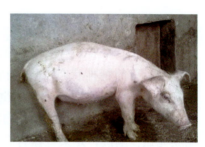

图7-16　病猪的腰部外形

七看猪的行走状态：猪行走蹒跚、举步艰难、尾巴下垂、卧地不起等，表示有病；若四肢僵硬、腰部不灵活、两耳竖立、牙关紧闭、肌肉痉挛，则是破伤风的表现。

八看猪的肛门：观察猪的肛门有无突起、外伤等。若肛门周围有粪便污染，多见于腹泻、痢疾等疾病（图7-17）。

九看猪的排尿：排尿频多或减少，颜色改变，是疾病的征兆。如果猪频频排尿，且尿液呈断续状排出，说明排尿疼痛，尿道有炎症（图7-18）；若排血尿，则有尿结石、钩端螺旋体病的可能。

图7-17　病猪的肛门

十看猪的粪便：粪便干燥，排粪次数减少，排粪困难，则常见于便秘等；粪便稀清如水或呈稀泥状，频频排粪，则多见于食物中毒、肠内寄生虫病及某些传染病；仔猪排灰白色、灰黄色水样粪便，并带有腥臭味，则是仔猪黄痢或白痢的症状（图7-19）；粪便发红，且混有多量小气泡，恶臭，则是出血性肠炎的症状。

图7-18　病猪的排尿情况

图7-19　病猪粪便的颜色和性状

133. 猪的保定方法有哪几种？

为了给猪采血、诊断、去势或治疗，必须给猪予以适当的保定。根据猪体大小和保定目的不同，可分别采取以下保定方法：

（1）猪群圈舍保定法　把猪群驱赶到圈舍的角落里，关紧圈门，并由1～2人拦着猪不让散群，趁猪拥挤在一起的时候，兽医人员慢慢接近猪群，并找机会迅速进行注射（图7-20）。注射部位多选择耳后或臀部肌肉丰满处，且选用金属注射器为好。

图7-20　猪群圈舍保定法

（2）**站立保定法** 该法适用于保定仔猪。操作者站立，双手抓住仔猪两耳，并将其头向上提起，再用两腿夹住猪的背腰将其固定，即可进行诊治操作（图7-21）。

图7-21 站立保定法

（3）**提举后肢保定法** 该法适用于保定仔猪。操作者提住仔猪两后腿，并向上提举，使猪倒立，同时用两腿将猪夹住固定，便可进行诊治（图7-22）。

（4）**横卧保定法** 该法适用于保定中猪。操作时一人抓住猪的一只后腿，另一人抓住猪的耳朵，两人同时向一侧用力将猪放倒，并适当按住猪颈及后躯，加以控制，即可进行诊治（图7-23）。

图7-22 提举后肢保定法

图7-23 横卧保定法

（5）**木棒保定法** 该法适用于保定大猪和性情暴躁的猪。用一根1.6～1.7米长的木棒，末端系一根35～40厘米长的麻绳，再用麻绳的另一端在近木棒末端15厘米处，做成一个固定大小的绳套，将绳套套在猪上颌骨犬齿的后方，随后将木棒向猪背后方转动，收紧绳套，即可将猪保定（图7-24）。

（6）**鼻绳保定法**　该法适用于大猪和性情暴躁的猪。用一条 2 米长的麻绳，将其一端做成直径为 15～18 厘米的活结绳套，从口腔套在猪的上颌骨犬后方，将另一端拴在柱子上或用力拉住，拉紧活结绳套使猪头提举，即可进行灌药、打针等操作（图 7-25）。无论猪体多大，用此法保定的效果均很好。

图 7-24　木棒保定法

图 7-25　鼻绳保定法

134. 怎样给猪打针？

给猪打针是预防、治疗猪病经常采用的主要措施，常用的方法有以下几种：

（1）**皮下注射**　是将药液注射到皮肤与肌肉之间的疏松组织中，借助皮下毛细血管的吸收而作用于全身。注射时，可用手指捏起皮肤成皱褶，将药液注入皮下疏松组织中。由于皮下有脂肪层，吸收较慢，一般 5～15 分钟才可产生药效，注射部位多为猪的耳根后部、腹下或股内侧（图 7-26）。

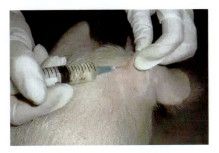

图 7-26　皮下注射法

（2）**肌内注射**　是将药液注入肌肉内。由于肌肉内血管丰富，药液吸收快，注射部位多为猪的颈部或臀部（图7-27）。

（3）**静脉注射**　是将药液注入静脉血管内，如耳大静脉、前腔静脉等，使药液迅速产生作用（图7-28）。

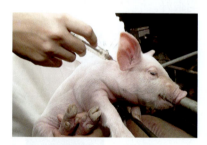

图7-27　肌内注射法

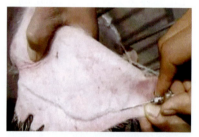

图7-28　静脉注射法

（4）**腹腔注射**　是将药液注入腹腔内。注射时，把猪的腹壁皮肤捏成皱褶，将药液注入腹腔内。这种方法一般在耳静脉不易注射时采用。注射部位，大猪在腹肋部，小猪在耻骨前缘下3～5厘米中线侧方（图7-29）。

（5）**气管注射**　是将药液直接注入气管内。注射部位一般选择在颈胸部气管的上1/3处、气管分叉之前（图7-30）。适用于肺部驱虫及治疗气管和肺部疾患。

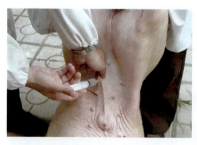

图7-29　腹腔注射法

图7-30　气管注射法

135. 哪些猪不宜打防疫针？

（1）妊娠后期和临产母猪不宜打防疫针　给妊娠后期和临产母猪注射防疫针时，容易造成母猪应激，会引起母猪流产或早产。

（2）1月龄内的哺乳仔猪不宜或慎重打防疫针　1月龄内的哺乳仔猪，因生长发育未健全，对外来的刺激抵抗力差，在注射防疫针时反应强烈，有时会引起应激死亡，因此不宜打防疫针。

（3）病猪和机体极度虚弱的猪不宜打防疫针　病猪和机体极度虚弱的猪，因其抵抗力较弱，若再注射防疫针，就会引起强烈的反应，使病情加重，故不宜打防疫针。

136. 给猪打针时应注意哪些事项？

（1）注射前，针头、注射器械等物品，要经过煮沸或高压蒸汽消毒（图7-31），以彻底杀死病菌。

（2）给猪注射时，注射部位要先用5%的碘酊或75%的酒精棉球消毒（图7-32）。注射后应用碘酊或酒精棉球压住针孔处皮肤，再拔出针头。

图7-31　高压蒸汽消毒

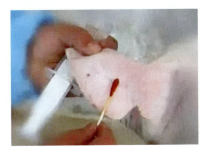

图7-32　注射部位消毒（碘酊消毒）

（3）稀释药液时，要检查药液是否混浊、是否有沉淀、是否过期等。

（4）不同的药物，给药途径不同（表7-8）。

表7-8 不同药物的给药途径

常用药物	使用要求	给药途径
青霉素、磺胺类药物等	用于刺激性较强或不容易被吸收的药液	肌内或皮下注射
水合氯醛、氯化钙、25%葡萄糖溶液等	用于在抢救危急病猪时，输液量大、刺激性强、不宜做肌内或皮下注射的药物	静脉注射
	对于无刺激性的药液，天气寒冷且注入药液量较多时，将药液加温到38～39℃使用	腹腔注射

（5）注射前要检查注射器，若里面有气泡，一定要把空气排尽，然后再使用（图7-33）。

（6）注射器及针头等用具，用完后要及时清洗干净，晾干后妥善保管。

图7-33 排除注射器内的气泡

137. 怎样给猪灌药？

当病猪无食欲或药物有特殊气味时，常采用灌服法给药。采用这种方法时要特别注意，必须坚持间歇性、分次、少量缓慢给药的原则，防止给药过急或药量过多，使药液进入气管，引起异物性肺炎或窒息死亡。一般将猪适当保定以后，用一根细木棍卡在猪口腔内，使猪口腔张开，将药液倒入一斜口的细竹筒内（或用小匙），从猪舌侧面靠腮部徐徐倒入药液，使猪自行吞咽。如猪

含药不下咽时，可摇动木棒促
使其咽下（图7-34）。

也可以用特制的塑料灌药
瓶，装入配制好的药液，猪保
定后，将灌药瓶瓶口插入猪的
左口角灌入药液，等猪咽下后
再继续灌药。

图7-34　给猪灌药

138. 怎样给猪灌肠？

灌肠是指向猪直肠内注入大量药液、营养液或
温水，直接作用于肠黏膜，使药液、营养液被吸收
或使宿便排出，以及排除肠内分解产物与炎性渗出
物，以达到治疗目的的操作方法。灌肠时，猪可行
横卧或站立保定。使用小动物灌肠器，将橡胶管一

视频10

端插入猪的直肠，另一端连接漏斗，将溶液倒入漏斗内，即可使
溶液灌入直肠（图7-35）。也可用100毫升的注射器将溶液注入
直肠。

图7-35　给猪灌肠

操作时动作要轻柔，插入
橡胶管时应缓慢进行，以免损
伤猪的肠黏膜或造成肠穿孔。
将溶液注入后由于猪的排泄反
射，易被排出。为防止溶液被
排出，可用手压迫猪的尾根部、
肛门，或在注入溶液的同时，
用手指刺激猪肛门周围的皮肤，
也可按摩腹部。

139. 怎样计算猪个体给药剂量？

在用药物治疗病猪时，要仔细阅读药物使用说明书，按规定的剂量使用。但有时说明书只标明每千克体重注射的药物克数，此时就要进行换算。

例如，一头体重10千克的猪需要使用硫酸卡那霉素注射液，治疗因大肠杆菌引起的水肿病。说明书上标明硫酸卡那霉素的含量是每10毫升含1克，每次肌内注射量为每千克体重15毫克。该病猪每次应注射多少毫升硫酸卡那霉素呢？

换算：猪场选择硫酸卡那霉素注射液，用于1头10千克体重猪的水肿病的治疗（由大肠杆菌引起），该药品的说明书上标明每10毫升含1克硫酸卡那霉素，每次肌内注射量为每千克体重15毫克。经过计算可知，该注射液每毫升含硫酸卡那霉素100毫克，体重10千克的猪每次应该注射150毫克硫酸卡那霉素，而该注射液每毫升含100毫克，显然，应该给这头猪注射1.5毫升硫酸卡那霉素注射液。

另外，肾上腺素、安钠咖、阿托品、安乃近等药物多采用不标明每千克体重用量而只注明猪的用量的方式，凡是此类不标明用量的通常指50千克标准体重的猪的用量，可以除以50，再换算出每千克体重的大致用量。

140. 怎样防控猪蓝耳病？

猪蓝耳病又称猪繁殖与呼吸综合征，是由蓝耳病病毒感染猪引起的一种以发热、厌食，妊娠母猪晚期流产、早产、产死胎、产弱仔和产木乃伊胎，各种年龄猪（特别是仔猪）呼吸障碍为特征的一种高度传染性疾病。仔猪发病率可达100%，死亡率可达

50%以上；母猪流产率可达30%以上，继发感染严重时成年猪也可发病死亡。

患病母猪典型的症状是妊娠后期发生流产、早产，产死胎、木乃伊胎、弱仔（图7-36）。母猪流产率可达50%～70%，死产率可达35%以上，木乃伊胎可达25%。大部分病猪耳朵、腹部皮肤及肢体末端等处皮肤呈紫红色斑块状或丘疹样，指压不褪色（图7-37）；眼结膜发炎、眼睑水肿，咳嗽、气喘，鼻孔流出泡沫或浓鼻液等分泌物，有的可能死亡。病程较长的猪体温多数正常，常表现为食欲不振，消瘦，被毛粗乱，有的关节肿胀，表现为跛行。少数母猪表现为产后无乳、胎衣停滞及阴道分泌物增多。

图7-36 蓝耳病母猪产死胎

图7-37 蓝耳病病猪全身症状

剖解病猪主要病理变化在肺部，可见肺水肿、出血、淤血，以心叶、尖叶为主的灶性暗红色实变（图7-38），肺脏体积变小，失去气体交换功能。有的病例可见心肌出血、坏死；脾脏边缘或表面出现梗死灶；淋巴结出血；肾脏呈土黄色，表面可见针尖至小米粒大出血斑点。部分病例可见胃肠道出血、溃疡、坏死等。

图7-38 猪肺脏发生实变

该病病因复杂，防治上应坚持预防为主、防重于治的原则，通过加强饲养管理，做好环境控制，提前进行保健和预防性投药，加强消毒，采取联合用药、对症治疗等措施，降低其发病率和死亡率。具体防控措施如下：

（1）坚持自繁自养的原则，防止购入隐性感染猪。清理持续感染的猪群，对猪舍进行清扫、消毒，闲置数日后再开始使用。

（2）限制交叉寄养，避免交叉感染。

（3）加强猪群的饲养管理工作，尽量减少各种应激因素。夏季应做好防暑降温工作，加大猪舍通风量，用凉水喷雾降温。

（4）在猪生长的各个阶段，均严格采取"全进全出"的饲养方式，在每批猪出栏后须对圈舍进行严格冲洗消毒，空置几天后再转入新的猪群。

（5）猪舍及环境均须定期选择新型、广谱、刺激性较弱的消毒剂消毒，减少病原微生物的存在，建议高温季节1周消毒2次。

（6）已有应用灭活蓝耳病疫苗和弱毒疫苗的报道。弱毒疫苗在控制蓝耳病从感染猪到未感染猪的传播过程中具有重要作用。同时，还要积极做好猪瘟、猪圆环病毒病、猪口蹄疫、猪气喘病、猪伪狂犬病等的免疫接种工作。

（7）进行合理的药物预防保健，即在炎热高温的夏季或严寒的冬季以及猪群转栏、注射疫苗时，在饲料或饮水中添加抗应激药物和免疫增强剂，如氨基维多补、黄芪多糖、盐酸左旋咪唑可溶性粉等，尽量减少应激导致猪群抵抗力下降而发病的机会。

（8）该病现在无特效药物治疗，重在预防和控制混合感染。一般应在疾病未发生之前在饲料中添加药物进行预防，如饲料中添加板青连黄散3 000克+利通3 000克+氨基维多补1 000克/吨，每个月用7天。

141. 怎样防控非洲猪瘟？

非洲猪瘟，又称非洲猪瘟疫，是由非洲猪瘟病毒感染引起的猪的一种急性、热性、高度传染性疾病，以高热、网状内皮系统出血和高致死率为特征。健康猪与患病猪或污染物直接接触是非洲猪瘟最主要的传播途径，猪被带毒的蜱等虫媒叮咬也存在感染的可能性。该病的临床特征是发病过程短，死亡率高（达100%）。临床症状与常见猪瘟相似，如果免疫过猪瘟疫苗的猪出现无症状突然死亡异常增多，或大量生猪出现步态僵直，呼吸困难，腹泻或便秘，粪便带血，关节肿胀，局部皮肤溃疡、坏死等症状，可怀疑为非洲猪瘟。

病猪主要病理变化为胃、肝门、肾脏、肠系膜等处淋巴结出血严重。胸腹腔、心包、胸膜、腹膜上有许多澄清、黄色或带血色液体。内脏或肠系膜上有斑点状或弥散状出血变化。喉头、会厌、胆囊、膀胱、肾脏常有出血斑点，尤其是急性型非洲猪瘟。脾脏变化更为明显，脾充血性肿大，体积是正常的3～6倍，边缘为圆形，质脆易碎，呈黑紫色（图7-39）。

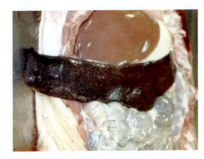

图7-39　急性非洲猪瘟脾脏变化

目前尚无有效的治疗药物和疫苗用于防治非洲猪瘟，重点是做好日常猪群饲养管理，做到"五要四不要"。

(1)"五要"　要减少场外人员和车辆进入猪场；要对人员和车辆入场前彻底消毒；要对猪群实施全进全出的饲养管理方式；要对新引进的生猪实施隔离饲养；要按规定申报检疫。

（2）"四不要" 不要使用餐馆、食堂的泔水或厨余垃圾喂猪；不要散放饲养，避免家猪与"野猪"接触；不要从疫区调运生猪；不要隐瞒可疑病例。

一旦发现疑似非洲猪瘟症状时，应立即隔离猪群，限制猪群移动，并上报有关单位；同时做好严格的消毒工作，并按要求采集抗凝血、扁桃体、肾脏、淋巴结等样品送检，配合有关部门做好监管和病死猪的处理工作。目前最有效的消毒产品是10%苯及苯酚、次氯酸、强碱类及戊二醛。强碱类（氢氧化钠、氢氧化钾等）、氯化物和酚化合物适用于建筑物、木质结构、水泥表面、车辆和相关设施设备的消毒；酒精和碘化物适用于人员消毒。一旦确诊非洲猪瘟，要对发病猪场（或疫区）严格实施封锁、隔离、消毒，要配合兽医防疫部门做好监管，对疫点内的生猪全部扑杀，并对病死猪和扑杀猪进行无害化处理。

142. 怎样防控猪瘟？

猪瘟俗称"烂肠瘟"，是由猪瘟病毒引起的一种急性、热性、接触性传染病。发病不分年龄、性别、体重及季节，一旦猪群中有一头猪发病，则很快在全群中流行，死亡率较高。该病的潜伏期平均为7天。根据其临床表现分为最急性型、急性型、慢性型和温和型4种类型。

（1）最急性型 病猪常无明显症状，突然死亡，一般出现在初次发病地区和疾病流行初期。

（2）急性型 病猪时常发生结膜炎（图7-40），有的眼流脓性分泌物并将上下眼睑粘连，不能张开；鼻流脓性鼻液。多数病猪体温40～42℃，呈现稽留热，喜卧，弓背，寒战，行走摇晃，食欲减退或废绝，全身有紫红色出血点（图7-41）。初期便秘，干硬的粪球表面附有大量白色的肠黏液；后期腹泻，粪便恶臭，带有黏液

或血液。公猪包皮发炎，阴鞘积尿，用手挤压时有恶臭混浊液体流出。仔猪可出现神经症状，如后退、转圈、强直及游泳状等。

图7-40　急性猪瘟结膜炎症状

图7-41　急性型猪瘟全身有紫红色出血点

（3）**慢性型**　多由急性型转变而来，病猪体温时高时低，食欲不振，便秘与腹泻交替出现，耳尖、尾端和四肢下部呈蓝紫色或坏死、脱落，病程可长达1个月以上，病猪逐渐消瘦（图7-42）、贫血，被毛粗乱，行走时两后肢摇晃无力，最后衰竭死亡，死亡率极高。

图7-42　慢性型猪瘟猪体消瘦

（4）**温和型**　主要是断奶后的仔猪及架子猪发生较多，病猪症状轻微，病程较长，体温在40℃左右，皮肤无出血点，但有淤血和坏死，食欲时好时坏，粪便时干时稀，机体十分瘦弱，致死率较高，耐过者生长发育严重受阻。

剖检主要病变，急性猪瘟主要呈现败血症变化，其皮肤或皮下有出血点；颈部、腹股沟、内脏淋巴结肿大，呈暗红色，切面边缘出血；喉头黏膜、会厌软骨、膀胱黏膜、心外膜、肺及肠浆膜、黏膜有出血；脾脏常出现出血性梗死，边缘呈紫黑色，有边界清楚的隆起斑块（图7-43）。慢性病猪特征性病理变化是盲肠、结肠及回盲口处黏膜形成扣状溃疡（图7-44）。

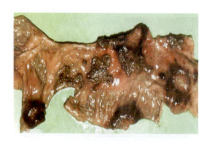

图7-43　急性猪瘟时的脾脏变化　　图7-44　慢性猪瘟时的大肠扣状溃疡

目前，对于该病还没有有效的治疗方法，主要依靠预防。

（1）每年的春、秋两季，除对成年猪普遍进行一次猪瘟兔化弱毒疫苗注射外，对断奶前仔猪及新购进的猪都要及时进行免疫注射。在猪瘟常发疫区，仔猪出生后25～30日龄注射1次疫苗，55～60日龄仔猪断奶后再注射1次，保护率可达100%。

（2）发生疫情后，对周围无病区和无病猪舍的猪做紧急预防接种，能起到控制疫情和防止疫情蔓延的作用。

（3）加强饲养管理，定期进行猪圈消毒，提高猪群整体抗病力，杜绝从疫区购猪。新购入的猪应隔离观察15～30天，证实无病并注射猪瘟疫苗后方可混群。

（4）在猪瘟流行期间，饲养用具每隔3～5天消毒1次。病猪消毒后，彻底消除粪便、污物，铲除表土，铺垫新土，猪粪应堆积发酵。在发病初期，可试用抗猪瘟血清给病猪注射，剂量为每千克体重2～3毫升，每天注射1次，直至猪的体温恢复正常。

143. 怎样防控猪口蹄疫？

猪口蹄疫是由口蹄疫病毒感染引起的偶蹄动物的烈性传染病，

传播快、发病率高。该病的潜伏期为1～2天。发病猪一般体温不高或稍高（40～41℃），主要症状是跛行，蹄部出现水疱和糜烂。患病初期猪的蹄冠、趾间出现米粒大、蚕豆大充满灰白色或灰黄色液体的水疱，破裂后表面出血，形成暗红色糜烂。如无细菌感染，则病猪1周左右痊愈。如有继发感染，严重者侵害蹄叶，蹄壳脱落（图7-45），患肢不能着地，常卧地不起。疗程稍长者也可见到口腔及舌面上有水疱和糜烂。哺乳母猪发生口蹄疫时乳头的皮肤常见有水疱、烂斑（图7-46）。被感染的吃奶仔猪通常因急性胃肠炎和心肌炎而突然死亡，死亡率可达60%～80%。

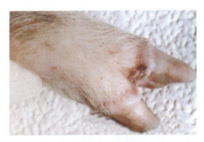

图7-45　猪口蹄疫蹄部变化

图7-46　哺乳母猪乳房出现水疱、烂斑

　　剖检病猪除口腔、蹄部的水疱和烂斑外，在咽喉、气管、支气管和胃黏膜处有时可见圆形烂斑和溃疡，上覆黑棕色痂块。心肌病变具有重要的诊断意义，常见心包膜有弥散性及点状出血，心肌切面有灰白色或淡黄色斑点或条纹，似老虎身上的斑纹，称为"虎斑心"（图7-47）。

　　该病易与猪水疱病、水疱疹、水疱性口炎混淆，单从症状与病理变化不能做出诊断，只有通过自然感染家畜的情况和水疱液接种小动物的观察结

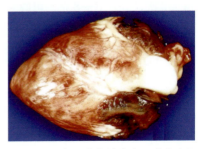

图7-47　猪口蹄疫的病变"虎斑心"

果才能予以鉴别。

该病的防控措施如下：

（1）当猪场有疑似口蹄疫发生时，除及时进行诊断外，应向上级有关部门报告疫情。同时对疫场或疫区严格实施封锁、隔离、消毒等综合性措施。在最后一头病猪痊愈后15天，经过全面消毒，方可解除封锁。

（2）发现疫情后，应对猪场尚未出现症状的健康猪群立即注射口蹄疫灭活疫苗（不能用弱毒疫苗），每头猪注射5毫升，颈部皮下注射。注射后14天产生免疫力，免疫期2个月。

（3）病猪的蹄部可用3%克辽林或煤酚皂溶液洗涤，擦干后涂抹鱼石脂软膏，再用绷带包扎。乳房可用2%～3%硼酸溶液清洗，然后涂抹青霉素或金霉素软膏，定期将母猪乳房内的乳汁挤出，以防发生乳腺炎。

（4）口腔可用清水、食醋或0.1%高锰酸钾溶液洗漱，糜烂面上可涂以1%～2%明矾或碘甘油（碘7克、碘化钾5克、酒精100毫升，溶解后加入甘油10毫升），也可用冰硼散（冰片15克、硼砂150克、芒硝18克，共研末）。

（5）仔猪发生恶性口蹄疫时，应静脉或腹腔注射5%葡萄糖盐水10～20毫升，加维生素C 50毫克，皮下注射安钠咖0.3克。有条件的地方可用病愈牛全血（或血清）治疗。用结晶樟脑口服，每天2次，每次5～8克，可收到良好效果。

144. 怎样防控猪传染性胃肠炎？

猪传染性胃肠炎是由滤过性病毒引起猪的高度接触性传染病，在寒冷季节及饲养管理条件差、饲养密度过大的猪群极易暴发流行。死亡率较高，幼龄猪死亡率可达100%。该病的潜伏期一般为12～18小时。

病猪主要特征是消化机能紊乱。仔猪发生传染性胃肠炎时，往往全群发生剧烈的水样腹泻（图7-48），体温一般不高，采食量略有减少，有时伴有呕吐症状，最后常因脱水而导致死亡。

图7-48　仔猪黄色水样腹泻

剖检尸体脱水，结膜苍白、发绀，胃肠卡他性炎症，黏膜下有出血斑，胃内充满白色凝乳块，胃底部黏膜轻度充血，肠内充满白色或黄绿色半液状或液状物。

仔猪黄痢、仔猪红痢对仔猪的致死率也较高，应与本病相区别。因仔猪黄痢不感染大猪，而且乳酶生等药物对其治疗有效，故能与本病相鉴别。仔猪红痢是散发性，只有少数仔猪发生，其他大猪也不出现腹泻，其特征是粪便带血和出血性肠炎。

该病的防控措施如下：

（1）对症治疗，可使用广谱抗生素以防治继发感染和合并感染。首选药物为硫酸卡那霉素，体重15千克左右的病猪，每次每头肌内注射50万～100万单位。

为抑制肠蠕动，止泻，可用病毒灵和阿托品。体重15千克左右的病猪，每次每头肌内注射病毒灵10毫升和阿托品10～20毫克。

对于病情较重的猪，可用安维糖溶液50～200毫升，或10%葡萄糖溶液50～150毫升、维生素C 10～20毫升、安钠咖10毫升，混合一次静脉注射或腹腔注射。

（2）预防主要是做好饲养管理工作，特别是在寒冷季节要注意防寒保暖，避免饲养密度过大。妊娠母猪在产前45天和15天左右，可于肌肉与鼻内各接种弱毒疫苗1毫升。

145. 怎样防控猪流行性腹泻？

猪流行性腹泻是由类冠状病毒引起的以胃肠病变为主的传染病。母猪的发病率为15%～90%，哺乳仔猪、架子猪及育肥猪的发病率可达100%。此病的潜伏期新生仔猪为24～36小时，育肥猪为2天。

该病的临床表现与猪传染性胃肠炎十分相似，各阶段猪均可发病，年龄越小，病情越重。病猪粪便水样稀薄，呈淡黄绿色或灰色（图7-49），体温稍高或正常，精神、食欲变差。哺乳仔猪发病表现呕吐、水样腹泻，肛门周围皮肤发红，1周龄内的仔猪常在水样腹泻后3～4天因严重脱水而死亡；断奶后的仔猪与育肥猪的病程约持续1周；成年猪一般症状不明显，有时仅表现呕吐和厌食症状。

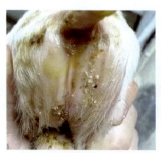

图7-49　病猪排水样灰色稀粪

该病的主要病理变化是小肠绒毛萎缩，肠壁变薄，呈半透明状，肠内容物呈水样。

该病的防控措施如下：

（1）目前可利用细胞弱毒疫苗来预防，母猪在分娩前5周和2周口服疫苗后，母源抗体可保护出生的仔猪在4～5周龄内不发病。

（2）对病猪用抗生素类药物治疗无效，但加强饲养管理，保持猪舍温暖、清洁、干燥，并供足饮水，可减轻病情和降低死亡率。

146. 怎样防控猪圆环病毒病？

猪圆环病毒病是由猪圆环病毒Ⅱ型引起的一种新的猪传染病，主要感染5～13周龄的猪。

该病临床症状多种多样，常见的有断奶仔猪多系统衰弱综合征、皮炎肾病综合征、繁殖障碍3种。

（1）**断奶仔猪多系统衰弱综合征** 主要发生在5～12周龄的仔猪，尤其是断奶仔猪发病严重。病猪呈渐进性消瘦或生长迟缓（图7-50），厌食，精神沉郁，行动迟缓，腹泻，皮肤苍白，被毛蓬乱，以及以呼吸困难、咳嗽为特征的呼吸障碍。有的病猪最后衰竭死亡。

（2）**皮炎肾病综合征** 主要危害生长猪和育肥猪，侵害皮肤和肾，造成皮肤损伤，临床上可见皮肤出现红色、紫色圆形或不规则的隆起（图7-51），中央有黑色病灶，从会阴部、四肢扩散至胸肋、耳等部位。严重时还会引起体温升高、贫血、腹泻及黄疸等症状，甚至导致死亡。

图7-50 断奶仔猪多系统衰弱综合征

图7-51 猪皮炎肾病综合征

（3）**繁殖障碍** 以初产母猪多发，主要表现为流产、产死胎和弱仔、滞产、发情期延长、不育等。个别严重的初产母猪产死胎、流产的发病率高达60%左右（图7-52）。

该病的肉眼病变主要为淋巴结明显肿大，尤其是病猪腹股沟淋巴结肿大，凸起明显（图7-53）。淋巴结切面变硬，可见均匀的白色；肺肿胀变硬，呈橡皮样或弥散性间质性肺炎；肝脏、脾脏萎缩；肾脏苍白、肿大，被膜下有坏死灶；结肠水肿，黏膜充血；胃溃疡；不同程度的肌肉萎缩。

图7-52 母猪流产

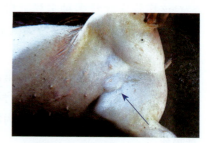

图7-53 病猪腹股沟淋巴结肿大

该病的防控措施如下：

（1）接种猪圆环病毒病疫苗，建议使用基因工程灭活疫苗。

（2）完善猪场的饲养管理，在条件许可的情况下，尽可能采用分段同步生产、两点式或三点式饲养方式。

（3）加强饲养管理，禁止饲喂发霉变质的饲料，做好猪舍通风换气；保持猪舍干燥，降低猪群的饲养密度。日常饲养中，可在猪的饮水中添加黄芪多糖和电解多维；饲料中添加含强力霉素、泰乐菌素和增效剂的预混料，增强猪体抵抗力，防止继发感染。

（4）采取有效的消毒措施，减少病毒感染概率。

（5）制定并严格执行合理的免疫程序，适时对猪群进行猪圆环病毒病、猪瘟、蓝耳病、猪口蹄疫等疾病的免疫接种。定期监测猪群抗体水平，及时处理阳性猪。

（6）引种时检疫隔离，对于人工授精的猪场，选择无猪圆环病毒Ⅱ型污染的精液。

（7）病猪隔离，及时对症治疗，严重者淘汰并进行无害化处理。

147. 怎样防控猪细小病毒病？

猪细小病毒病又称猪繁殖障碍病，是由猪细小病毒引起的一种猪的繁殖障碍病。该病以妊娠母猪发生流产，产死胎、木乃伊胎等为主要特征，但由于感染病毒的时期不同，临床表现有所不同。妊娠30天以内感染时，胎儿死亡后被吸收，致使母猪不孕和无规律地反复发情；妊娠30～40天感染的，胎儿呈现木乃伊胎（图7-54）；妊娠50～60天感染的造成死胎；妊娠70天感染的造成流产；妊娠70天后感染的，所产仔猪可存活，且外观正常，但可长期带毒、排毒。

多数初产母猪受感染后可获得较强的免疫力，甚至可终生免疫，但可长期带毒、排毒。被感染公猪的精细胞、精索、附睾、副性腺中都可带毒，在交配时很容易传染易感母猪，而公猪的性欲和受精率没有受到明显影响。

图7-54　木乃伊胎

该病无特效的治疗药物，也没有治疗意义，重在预防，具体措施如下：

（1）坚持两项基本原则：一是实行自繁自养，防止带毒母猪进入猪场。从场外引进猪时，须选自非疫区的健康猪群，进场后进行定期隔离检疫，确定健康后方能混群饲养或配种。二是在初产母猪获得自动免疫后再繁育配种。来自与木乃伊胎同窝的活仔猪，可能是猪细小病毒的携带者，不要留作种用，也不要在头胎母猪的后代中选留种猪。

（2）人工免疫接种时，普遍使用的是灭活疫苗。初产母猪和育成公猪在配种前1个月免疫注射，免疫期可达7个月。1年免疫注射2次，可以预防该病。

（3）发生疫情时，首先应隔离疑似发病猪，尽快做出确诊，划定疫区，进行封锁，制定扑灭措施，同时做好全场特别是污染猪舍的彻底消毒工作。病死猪的尸体、粪便及其他废弃物应深埋或无害化处理。对病情轻的病猪可以采取对症治疗，防止继发感染。

148. 怎样防控猪伪狂犬病？

猪伪狂犬病是由猪伪狂犬病病毒引起的猪的急性传染病。该病主要引起妊娠母猪流产、产死胎，公猪不育，新生仔猪大量死亡等，是危害全球养猪业的重大传染病之一。

新生仔猪感染伪狂犬病后，一般第1天表现正常，第2天开始发病，3～5天内是死亡高峰期，有的整窝仔猪死亡。同时，病猪还表现明显的神经症状，有的发生呕吐、腹泻，一旦发病，1～2天内死亡。一般患病仔猪常突然发病，体温上升至41℃以上，精神极度委顿，颤抖，运动不协调，痉挛，呕吐，腹泻，有的躺在地上四肢呈划水样运动（图7-55）。断奶仔猪感染该病时，发病率在20%～40%，死亡率在10%～20%，主要表现

图7-55 仔猪四肢呈划水样运动

神经症状、腹泻、呕吐等。

成年猪一般为隐性感染，若有症状也很轻微，易于恢复。病猪主要表现为发热、精神沉郁，有些病猪呕吐、咳嗽，一般于4～8天内完全恢复。妊娠母猪感染后可发生流产、产木乃伊胎或死胎，其中以产死胎为主（图7-56），无论是头胎母猪还是经产母猪都可发病，而且没有严格的季节性，但以寒冷季节及冬末春初多发。有的种公猪表现不育症，有的表现出睾丸肿胀、萎缩，丧失种用能力等。

图7-56　妊娠母猪产出的死胎

该病与猪狂犬病、猪脑脊髓灰质炎和李氏杆菌病易混淆，需予以区别。

病理剖检一般无特征性变化。病猪如有神经症状，则剖检脑膜明显充血、出血和水肿，脑脊液增多。扁桃体、肝脏和脾脏均有散在白色坏死点。肺水肿、出现小叶性间质性肺炎、胃黏膜有卡他性炎症，胃底黏膜出血。流产胎儿的脑和臀部皮肤有出血点，肾脏和心肌出血，肝脏和脾脏有灰白色坏死灶。

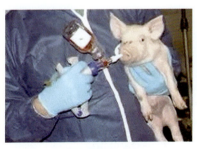

图7-57　仔猪出生时用猪伪狂犬病疫苗滴鼻

该病无特效药物治疗，主要是依靠注射疫苗来预防，具体措施如下：

（1）一般仔猪出生时用基因缺失疫苗滴鼻（图7-57），断奶后再接种1次。对3月龄以上的猪可注射1毫升弱毒疫苗，同时注射油苗免疫。免疫母猪所产仔猪宜在2周左右首免，以避免母源抗体干扰。一般非疫区不主张免疫。成年猪和妊娠母猪在产前半个月注射2毫升弱毒疫苗，同时注射油苗免疫。

（2）严格检疫，坚持自繁自养。引进种猪时，严禁引入疫区的猪，引进后须经隔离检疫合格后方可混入猪群饲养。对猪群进行反复多次的血清学检查，淘汰阳性猪，培育健康猪群。

（3）当暴发该病时，使用有保护作用的免疫血清可有效减轻疫情，降低死亡率，尤其对仔猪有明显效果。同时，对发病猪舍用2%～3%氢氧化钠溶液或20%石灰乳消毒，感染病猪隔离饲养，并做好灭鼠工作，以切断感染源。

> ➡ **【提示】**免疫血清亦称抗血清，是含有抗体的血清制剂。其种类很多，包括抗毒素、抗菌血清、抗病毒血清、抗Rh血清等。

149. 怎样防控猪流行性乙型脑炎？

猪流行性乙型脑炎是猪流行性乙型脑炎病毒所致的一种人畜共患传染病，不同年龄、性别和品种的猪都可感染发病。一般在夏季和初秋发病较高（与蚊子的活动有关），病猪发病较突然，体温升高至41℃左右，呈稽留热，喜卧，食欲下降，饮水增加，尿色深重，粪便干结且混有黏膜。该病主要侵害妊娠母猪，感染后常造成流产，出现产死胎或木乃伊胎（图7-58）。

图7-58　妊娠母猪流产的胎儿

　　种公猪发生猪流行性乙型脑炎时，多出现一侧性睾丸炎（图7-59）。病猪睾丸肿胀、发热，严重的睾丸缩小变硬，常与阴囊发生粘连，失去种用性能。

　　剖检病猪尸体可见脑部有明显的病理变化，主要表现脑、脑膜和脊髓膜充血，脑室和髓腔积液增多（图7-60）。母猪子宫内膜有出血点，淋巴结周边出血。肝脏肿大，肺脏充血、水肿或有灰红色的肺炎灶。公猪睾丸肿大，切开阴囊时，可见黄褐色浆液增多，睾丸切面有斑状出血和坏死灶。

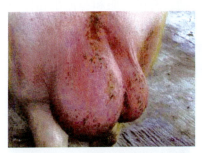

图7-59　患病种公猪一侧性睾丸炎

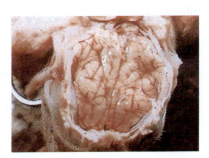

图7-60　病猪脑膜充血，脑室积液

　　诊断时应注意与布鲁氏菌病、猪细小病毒病、猪流行性感冒等相鉴别。

　　该病的防控措施如下：

　　（1）该病主要由蚊虫传播，故应采取措施减少蚊虫滋生与灭蚊，猪圈应经常喷洒灭蚊剂。掌握配种季节，避免在天热蚊虫多时产仔。

　　（2）对病猪要隔离治疗。猪圈及用具、被污染的场地要彻底消毒。死胎、胎盘和阴道分泌物都必须妥善处理。

　　（3）该病目前尚无有效疗法，为防止并发症，对呼吸迫促的病猪，可采用抗生素或磺胺类药物综合治疗。

　　（4）对4月龄以上至2岁的后备公、母猪，于流行期前1个月进行乙型脑炎弱毒疫苗免疫注射，免疫后1个月便可产生坚强的免疫力，可防止母猪妊娠后流产或公猪发生睾丸炎。

150. 怎样防控猪流行性感冒？

猪流行性感冒是由猪A型流感病毒引起的急性、高度接触性传染病。该病发病突然，传播迅速，多发生于气候骤变的晚秋、早春及寒冷的冬季，常会全群同时发生。病猪体温升高至42℃，精神极度萎靡，食欲废绝，不愿活动，喜卧；眼和鼻流出黏性分泌物（图7-61）；伴有阵发性咳嗽，呼吸迫促，呈腹式呼吸，多数病猪经1周左右才能自然康复。个别病例转为慢性，出现持续咳嗽、消化不良等症状，病程达1个月以上。

剖检病猪可见呼吸道中鼻、喉、气管和支气管黏膜充血，附有大量泡沫，有时混有血液；肺脏有深红色的病灶；颈部及肺纵隔淋巴结水肿；胃肠内浆液增多，并有充血。

图7-61　病猪鼻流黏性分泌物

诊断时应注意与猪瘟、猪肺疫、猪流行性乙型脑炎、猪支原体肺炎等进行鉴别。

目前该病尚无特效治疗药物和有效的疫苗。一般用对症疗法以减轻症状和使用抗生素或磺胺类药物控制继发感染。

（1）肌内注射30%安乃近10～20毫升，或复方氨基比林10～20毫升，或内服阿司匹林3～5片或强力维C银翘片20～50片。病重时，可肌内注射青霉素40万～160万单位。

（2）用中药金银花10克、连翘10克、黄芩6克、柴胡10克、牛蒡子10克、陈皮10克、甘草10克，煎水内服。

（3）加强饲养管理，将病猪置于温暖、干净、无风处，并喂给易消化的饲料，注意多喂青绿饲料，以补充维生素。特别是在阴雨潮湿和气候变化急剧时，应加强对猪的管理，有时病猪在良好的环境下甚至不需要药物治疗亦可痊愈。

151. 怎样防控猪附红细胞体病？

猪附红细胞体病是由血液寄生虫附红细胞体感染猪引起的临床上以贫血、黄疸和发热为主要特征的一种热性、溶血性传染病。多发于6—10月吸血昆虫多的季节，各种年龄、性别和品种的猪均易感。在饲养管理不良、气候恶劣、长途运输、预防接种等应激情况下，隐性感染的猪会突然发病甚至大群发作，出现高热和高死亡率，而且传播迅速。

急性发病初期，病猪精神沉郁，食欲减退，饮欲增加，体温40～42℃，高热稽留，全身症状明显，耳朵、颈下、胸前、腹下、四肢内侧等部位皮肤红紫（图7-62），指压不褪色，并且毛孔出现淡黄色汗迹。有的病猪两后肢发生麻痹，不能站立；或流涎，呼吸困难，咳嗽，眼结膜发炎。病程3～7天，或死亡或转向慢性病例。

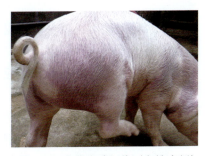

图7-62　病猪皮肤红紫（急性病例）

慢性病猪会出现败血症变化，表现为皮肤苍白，被毛粗乱无光泽，皮肤干燥、皲裂，层层脱落，但不痒，腹部有喘沟，呈败血症变化（图7-63）。

剖检病猪主要病理变化是黄疸和贫血，全身皮肤黏膜、脂肪和脏器显著黄染，常呈全身性黄疸。全身肌肉色泽变淡，血液稀薄呈水样，凝固不良。全身淋巴结肿大、潮红、黄染，切面外翻，有液体渗出。心外膜和心冠脂肪出血、黄染，有少量针尖大出血点，心肌苍白、松软。急性病例肝脏变化明显，肝脏肿大、质脆，细胞发生脂肪变性，呈土黄色或黄棕色（图7-64）。胆囊肿大，含有浓稠的胶冻样胆汁。脾脏肿大，质软而脆。肾脏肿大、苍白或呈土黄色，包膜下有出血斑。膀胱黏膜有少量出血点。

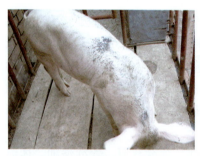
图7-63　病猪皮肤苍白（慢性病例）

图7-64　病猪肝脏黄染

该病目前尚无免疫疫苗，也无特效的治疗药物，只能采用综合性的防控措施。

（1）在该病的高发季节，应扑灭蜱、虱、蚤、螯蝇等吸血昆虫，断绝其与猪的接触。

（2）定期在饲料中添加预防剂量的四环素、强力霉素、金霉素、土霉素和磺胺类药物，对该病有很好的预防效果。

（3）早发现、早治疗，可收到很好的效果。用血虫净（贝尼尔）、四环素、卡那霉素、强力霉素、黄色素和对氨基苯胂酸钠等药物治疗，有一定的效果。

152. 怎样防控猪钩端螺旋体病？

猪钩端螺旋体病是由致病性钩端螺旋体引起的、发生在猪上

的一种传染病。该病多数呈隐性感染，不表现临床症状，少数急性病例出现发热、血红蛋白尿、贫血、水肿、流产、黄疸、出血性素质、皮肤和黏膜坏死等特征。

病初患猪有不同程度的体温升高，眼结膜潮红，食欲减退，几天后眼结膜有的潮红、水肿，有的泛黄，有的苍白、水肿；皮肤有的发红、瘙痒，有的轻度泛黄，有的头颈部水肿；尿呈茶样至血尿。病后数天，有的病例数小时内突然惊厥而死（图7-65）。

剖检主要病变是黄疸和贫血，病猪全身皮肤黏膜、脂肪和脏器显著黄染（图7-66），常呈全身性黄疸；胸、腹腔和心包腔内积有少量淡红色透明或稍混浊的液体；心脏、肺脏、胃和肠管等均呈黄染状；肝脏肿大、呈棕黄色；膀胱积尿、胀满，膀胱壁黄染，尿色红褐，类似红茶。

图7-65　病猪惊厥而死

图7-66　内脏黄染

该病的防控措施如下：

（1）发现该病，立即隔离病猪，消毒被污染的水源、场地、用具，清除污水和粪便。消灭场内老鼠。及时用钩端螺旋体病多价菌苗进行紧急预防接种，体重15千克以下的猪，皮下注射或肌内注射3毫升；体重15～40千克的猪注射5毫升；体重40千克以上的猪注射8～10毫升。

（2）在猪群中发现感染时，应全群治疗，每千克饲料加入土霉素0.75～1.5克，连喂7天，可解除带菌状态和消除一些轻型症状。

（3）对表现症状的病猪，可肌内注射链霉素，每千克体重15～25毫克，每天2次，连用3～5天；也可口服或肌内注射庆大霉素，每千克体重15～30毫克，每天1次，连用3～5天。同时，用葡萄糖维生素C静脉注射，并配合应用强心剂、利尿剂，对提高治愈率有重要作用。

153. 怎样防控猪气喘病？

猪气喘病又称猪肺炎支原体性肺炎，是由猪肺炎支原体引起的一种接触性、慢性呼吸道传染病。病猪可通过咳嗽、喘气、打喷嚏等飞沫传染其他猪。各阶段猪均会感染此病，但断奶前后的小猪和生产前后的母猪感染率较高。此病虽然死亡率不高，但容易反复感染进而出现并发症，如不及时采取有效的方式治疗，会影响整个猪场的发展。

发病猪表现为刚开始干咳、气喘，尤其是在猪采食过程中表现明显；发病中后期症状加重，病猪中后期气喘加重，常发出哮鸣声，甚至张口喘气，呈腹式呼吸、犬坐姿势（图7-67），同时精神不振，猪体消瘦，不愿走动。饲养条件好时，病猪可以康复，但仔猪发病后死亡率较高。此病一般对猪的采食和体温影响不大，但对猪的生长会造成影响，有时还会继发混合感染。

剖检可见肺脏显著增大，两侧肺叶前缘部分发生对称性实变。实变区呈紫红色或深红色，压之有坚硬感觉，非实变区出现水肿、气肿和淤血，或者无显著变化。

图7-67　病猪呈犬坐姿势

该病的防控措施如下：

（1）加强饲养管理，实行科学喂养，增强猪体的抗病能力。提倡自繁自养，不从疫区引入猪，新购进的猪要加强检疫，进行隔离观察，确认无病后方可混群饲养。疫苗预防可用猪气喘病弱毒疫苗，免疫期在8个月以上，保护率70%～80%。有条件的，可培育无病原体的种猪，建立无猪气喘病的健康猪群。

（2）对发病猪进行严格隔离治疗，被污染的猪舍、用具等，可用2%氢氧化钠溶液或20%草木灰溶液喷雾消毒。

（3）治疗病猪可选用硫酸卡那霉素，每千克体重3万～4万单位，肌内注射，每天1次，连用5天。与土霉素交替注射，可提高疗效，但要防止出现抗药性。也可用盐酸土霉素，剂量为每天每千克体重30～40毫克，用灭菌蒸馏水或0.25%普鲁卡因或4%硼酸溶液稀释后肌内注射，每天1次，连用5～7天；猪喘平，每千克体重2万～4万单位，肌内注射，每天1次，连用5天；治喘灵，每千克体重0.4～0.5毫升，颈部肌肉深部注射，每5天1次，连用3次。

154. 怎样防控猪痢疾？

猪痢疾又称猪血痢，是由猪痢疾短螺旋体引起的一种严重的肠道传染病，各种年龄的猪均可感染发病，但以2～4月龄的仔猪受害最为严重。

主要临诊症状为严重的黏液性出血性下痢，急性型以出血性下痢为主，发病后1～2天开始排黏液状粪便，并带有血块和黏膜坏死块，严重时粪便呈红色水样，有的病猪不断排出少量暗红色的黏液和血液（图7-68），通常污染肛门、臀部。病猪有腹痛表现，常见弓背踢腹。腹泻过久会出现脱水，造成口渴，最后消瘦，衰竭而死亡。亚急性型和慢性型以黏液性腹泻为主。

剖检的病理特征为大肠黏膜发生卡他性、出血性及坏死性炎症，结肠、盲肠和直肠等黏膜充血、出血，呈渗出性卡他性变化（图7-69）。急性期肠壁呈水肿性肥厚，大肠松弛，肠系膜淋巴结肿胀，肠内容物为水样，恶臭并含有黏液，肠黏膜常附有灰白色纤维素样物质，特别在盲肠端出现充血、出血，水肿和卡他性炎症更为显著。

图7-68　病猪排出的红色稀粪

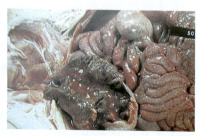
图7-69　病猪肠管渗出性卡他性变化

该病的防控措施如下：

（1）对病猪可在隔离的条件下进行治疗。对该病有效药物种类很多，可选择使用。

①正泰霉素：按每千克体重2 000单位肌内注射，每天2次，5天为1个疗程。

②痢菌净：按每千克体重2.5～5毫克内服，每天2次，连续3～5天为1个疗程；或用痢菌净0.5%水溶液，按每千克体重0.5毫升肌内注射。

③土霉素和新霉素：按每千克饲料中添加50～100毫克混合后喂猪，连喂3～4天。

④林肯霉素和奇放线菌素：按每千克饲料加100～120毫克，混合后连喂3～4天。

⑤甲硝咪乙酰胺、甲硝异丙咪和二甲硝基咪唑：按每千克饮水加60毫克，溶解后供猪饮用；或按每千克饲料中加入120毫克，混合后连喂3～4天。

（2）不从发病地区购买种猪与仔猪，猪场坚持实行自繁自养。引进的猪最少要隔离观察1个月，确认无病后方可并群混养。病猪舍、用具等要彻底消毒。怀疑有此病发生时，可用上述治疗药物剂量的1/2进行预防。

155. 怎样防控猪副嗜血杆菌病？

猪副嗜血杆菌病又称多发性纤维素性浆膜炎和关节炎，也称格拉瑟病，是由猪副嗜血杆菌引起的临床上以体温升高、关节肿胀、呼吸困难、多发性浆膜炎、关节炎和高死亡率为特征的传染病，严重危害仔猪和青年猪的健康。目前，该病已经在全球范围影响养猪业的发展。该病通过呼吸系统传播，饲养环境不良时多发。断奶、转群、混群或运输也是该病的诱因。

临床症状取决于炎症部位，包括发热、呼吸困难、关节肿胀、跛行、皮肤及黏膜发绀、站立困难甚至瘫痪、僵猪或死亡。急性病猪有时无明显症状而突然死亡，死亡时体表发紫，腹部膨胀，有的从口鼻流出紫红色不易凝固的液体（图7-70），母猪发病可发生流产。

慢性病猪常出现跛行，后肢跗关节肿大（多为一只后腿跗关节发病）（图7-71）。哺乳母猪的跛行可能导致母性的极端弱化。

图7-70　急性猪副嗜血杆菌病

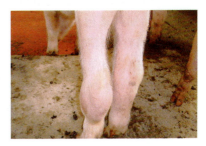

图7-71　慢性病猪关节肿胀

病猪死亡时体表发紫，腹部膨大，有大量黄色腹水，肠系膜上有大量纤维素渗出，尤其肝脏整个被包住，肺脏发生的间质性水肿，胸膜以浆液性、纤维素性渗出性炎症为特征。腹股沟淋巴结呈大理石状，下颌淋巴结出血严重，肝脏边缘出血，脾脏出血边缘隆起米粒大的血泡。最明显的病理变化是心包积液，心包膜增厚，心肌表面有大量纤维素渗出（图7-72），后肢关节切开有胶冻样物。

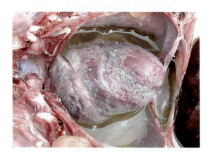

图7-72　病猪胸腔病理变化

该病的防控措施如下：

（1）加强饲养管理，消除诱因，对全群猪用电解多维饮水5～7天，以增强机体抵抗力，减少应激反应。

（2）彻底清洁猪舍，猪圈地面和墙壁可用2%氢氧化钠溶液喷洒消毒，2小时后用清水冲净，再用复合碘喷雾消毒，连续喷雾消毒4～5天。

（3）隔离病猪，用敏感的抗菌药物进行治疗，同时进行全群药物预防。为控制该病的发生和发展以及耐药菌株的出现，应进行药敏试验，科学使用抗生素。

（4）做好免疫，使用自家菌苗（最好是能分离到该菌，增殖、灭活后加到该菌苗中）、猪副嗜血杆菌多价灭活苗能取得较好效果。种猪用猪副嗜血杆菌多价灭活疫苗进行免疫能有效保护仔猪。对于母猪，首免可于产前40天进行，产前20天二免。经免母猪产前30天免疫一次即可。受该病严重威胁的猪场，仔猪也要进行免疫。根据猪场发病日龄推断免疫时间，仔猪免疫一般安排在7～30日龄进行，每次注射1毫升。首免后15天重复免疫一次，二免距发病时间要有10天以上的间隔。

156. 怎样防控猪肺疫？

　　猪肺疫又称猪巴氏杆菌病、猪出血性败血症，是由多杀性巴氏杆菌引起的急性、热性传染病。多发生于春、秋两季，一般为散发性，常与猪瘟、猪丹毒等病并发。一旦发病，病猪死亡率较高。

　　临床特征最急性型呈败血症和咽喉炎，有败血症表现的病猪常不见症状而突然死亡，死亡率100%。急性型主要呈现纤维素性胸膜肺炎，病猪体温升高至40～41℃，初期为痉挛性干咳，呼吸困难，口鼻流出白沫，有时混有血液，后变为湿咳。随病程发展，病猪呼吸更加困难，常呈犬坐姿势，胸部触诊有痛感；精神不振，食欲不振或废绝，皮肤出现红斑；后期衰弱无力，卧地不起，多因窒息死亡（图7-73）。病程5～8天，不死者转为慢性。慢性型较少见，主要表现慢性肺炎。

　　该病的病理变化因疾病类型不同而有所不同。最急性型为败血性变化，全身黏膜、浆膜、皮下组织、心内膜等处有大量出血斑点。最突出的病变是咽喉部发生水肿，其周围组织发生出血性浆液性浸润，肺部淤血、出血和水肿；淋巴结肿大，出现浆液性出血性炎症。急性型病例的主要变化是纤维素性胸膜肺炎，胸膜有纤维素性附着物，胸膜与病肺粘连；胸腔及心包积液；有各期肺炎病变和坏死灶，肺切面呈大理石样外观（图7-74）。慢性病

图7-73　急性型病猪窒息死亡

图7-74　急性型病例肺脏病变

例在肺脏有多处坏死灶，切开后有干酪样物质。

该病的防控措施如下：

（1）加强饲养管理，消除可能降低猪抗病力的因素。每年春、秋两季定期用猪肺疫氢氧化铝甲醛菌苗或猪肺疫口服弱毒菌苗进行2次免疫接种。前者皮下注射5毫升，注射后14天产生免疫力；后者可按说明书的要求应用，注射后7天产生免疫力。

（2）治疗可用青霉素、链霉素、新砜霉素、土霉素等抗菌药物。青霉素，按每千克体重1万单位肌内注射，每天2次，连用3天；链霉素，按每千克体重1万单位肌内注射，每天2次，连用3天。

157. 怎样防控猪丹毒？

猪丹毒是由猪丹毒杆菌引起的一种急性、热性传染病。不同年龄、品种的猪都可感染，但以3月龄以上的架子猪发病率最高。一年四季均可发生，尤以炎热多雨季多发。该病主要经消化道感染，常呈散发性或地方性流行。

该病临床上常见的是急性型与亚急性型，慢性型少见。最典型的症状是病猪体温升高达41～42℃，喜卧，寒战，绝食，腹泻，呕吐，继而在其胸、腹、四肢内侧和耳部皮肤出现大小不等的红斑或黑紫色疹块，指压可暂时褪色，疹块部位稍凸起，发红，界限明显很像烙印，俗称"打火印"（图7-75）。有的病例，疹块中央发生坏死，久而变成皮革样痂皮。

病型不同，该病的病理变化也有所不同。急性型以败血

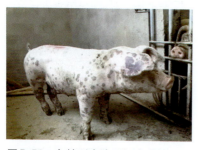

图7-75　急性型病猪"打火印"症状

症为特征，胃、小肠黏膜肿胀、充血、出血；全身淋巴结充血、肿胀、出血；脾、肾脏肿大；心内膜有小出血点。亚急性型的主要病变为皮肤有坏死性疹块，疹块皮下组织充血，也有的关节发炎、肿胀。慢性型病例主要是在心脏二尖瓣处有溃疡性心膜炎，形成疣状团块，状如菜花（图7-76）；腕关节和跗关节呈现慢性关节炎，关节囊肿大，有浆液性渗出物。

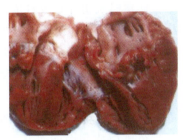

图7-76　慢性型病猪出现溃疡性心膜炎

诊断时应注意与猪链球菌病、猪肺疫、猪瘟、猪副伤寒、弓形虫病相鉴别。

该病的防控措施如下：

（1）加强饲养管理，做好定期消毒工作，增强机体抵抗力。定期用猪丹毒弱毒菌苗或猪瘟、猪丹毒、猪肺疫三联冻干疫苗免疫接种。仔猪在60～75日龄时皮下或肌内注射猪丹毒氢氧化铝甲醛疫苗5毫升，3周后产生免疫力，免疫期为半年，以后每年春、秋两季各免疫一次。也可注射猪瘟、猪丹毒、猪肺疫三联疫苗，各年龄猪剂量均为1毫升，免疫期9个月（图7-77）。

（2）治疗时首选药物为青霉素，对败血型病猪最好首先用水剂青霉素，按每千克体重1万～1.5万单位静脉注射，每天2次。如青霉素治疗无效时，可改用四环素或金霉素，按每千克体重1万～2万单位肌内注射，每天1～2次，连用3天。

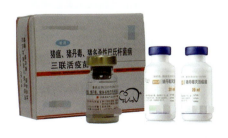

图7-77　定期进行免疫接种

158. 怎样防控仔猪白痢？

仔猪白痢也称迟发性大肠杆菌病，是由大肠杆菌引起的以仔猪排灰白色稀粪为特征的急性肠道传染病，仔猪一般在出生 7～20 天发病较多。该病一年四季均可发生，但常在冬季和夏季气候骤变时多发。饲养管理和卫生条件较差时，极易诱发该病。该病的发病率和死亡率都较高。

病猪多突然发生腹泻（图 7-78），病猪粪便稀薄，呈浆状、糊状，色乳白或灰白或青灰等不一，腥臭，黏腻，腹泻次数不等，肛门周围常被粪便污染；有时可见吐奶。病情严重者，粪便呈水状，病猪口渴加剧，可见眼凹陷，目光呆滞，被毛粗乱，皮肤无弹性，拱背，后肢软弱无力，排便失禁，日渐瘦弱，若治疗不及时可引起昏迷死亡，不死者将成为侏儒猪。

剖检病猪尸体苍白、消瘦，主要呈现卡他性炎症变化。胃内有凝乳块；肠内常有气体，内容物为糨糊状或油膏状，呈乳白色或灰白色，肠黏膜轻度

图 7-78　病猪排白色或灰黄色稀粪

充血、潮红，肠壁菲薄呈半透明状，肠系膜淋巴结水肿。

该病的防控措施如下：

（1）加强妊娠母猪和哺乳母猪的饲养管理，注意饲料的科学搭配，防止突然改变饲料，以保证母乳质量。

（2）在冬季产仔季节，要做好猪舍的防寒和保暖工作。母猪分娩前 3 天，猪圈应彻底清扫、消毒，并更换清洁、干燥的垫草。

（3）仔猪出生后，脐带一定要彻底消毒，尽快让仔猪吃上初

乳，吃初乳前每头仔猪口腔内滴服3毫升庆大霉素或灌服3毫升高效微生态制剂，可以预防仔猪白痢的发生。给仔猪提前补饲（7、8日龄为宜），可促进其消化器官的早期发育，增加营养，从而提高抗病能力。

（4）治疗仔猪白痢的药物和方法很多，可根据实际情况选择应用。

①大蒜2头，捣成泥状，加入白酒10毫克、温水40毫克、甘草末100克，调匀后1天内分2次内服，连用2～3天。

②白胡椒面0.2克，盐酸土霉素粉0.5克，鞣酸蛋白3克，一次内服，每天1次，连用3～5次。

③白头翁10克，龙胆草5克，黄连2克，共为细末，用米汤调均灌服，每天1剂，连用2剂。

④犬头骨300克（烧成炭状，研成粉末），白糖50克，温水调匀，每天1次，连用3～4天。

⑤黄连素片，一次内服1～2片（每片0.5克），每天2次，连用2～3天。

⑥陈醋100克，分上、下午两次拌入母猪饲料中，连用2～3天。

⑦白痢散，哺乳母猪每头每天150克拌入饲料内，分上、下午两次饲喂，连用2天。

⑧白头翁、瞿麦各0.5千克，每天2～3次饲喂母猪，连用3天。

⑨石榴皮粉或车前子粉0.25千克，每天喂母猪2～3次，连用3天。

⑩白头翁6份，龙胆草3份，黄连1份，研成细末，每头仔猪服用10克，每天1次，连用3天。

⑪百草霜60克，大蒜15克，将大蒜捣烂，同百草霜混合，用水调成糊状，每头仔猪每次服用6克，每天2次，连用2～3天。

⑫泡桐叶1千克，鲜车前草500克，大蒜20克。前两味药放入600毫升水中急火煮沸20～30分钟，取汁再将大蒜捣碎混入，供10头仔猪服用2次。

⑬土霉素，按每千克体重50～100毫克，每天内服2次，连用3天。

⑭水杨酸钠，每次30克，每天1～2次饲喂母猪，连用3天。

⑮用复方新诺明、乳酸菌素、食母生各1～2片，碾碎混合后一次给病猪口服，每天2次，连用3天。

⑯链霉素1克，蛋白酶3克，混匀，供5头仔猪一次内服，每天2次，连用3天。

⑰强力霉素，按每千克体重2～5毫克，内服，每天1次。

⑱磺胺脒15克，次硝酸铋15克，胃蛋白酶10克，龙胆末15克，加淀粉和水适量，调成糊状，可供15头仔猪服用，上、下午各一次，抹在仔猪口中。

⑲敌菌净加磺胺二甲基嘧啶，按1∶5配合后按每千克体重60毫克服用，首次用量加倍，每天内服2次，连用3天。

⑳硫酸庆大霉素注射液（5毫升含10万单位），按每千克体重0.5毫升肌内注射，配合同剂量口服，每天2次，连用2～3天。

㉑链霉素1克，蛋白酶3克，混匀，供5头仔猪一次内服，每天2次，连用3天。

159.怎样防控仔猪红痢？

仔猪红痢又称猪传染性坏死性肠炎、出血性肠炎、C型产气荚膜梭菌感染，是由C型产气荚膜梭菌引起的肠毒血症。1～3日龄的仔猪一旦发病，常年在产仔季节暴发，可使整窝仔猪全部死亡。

急性病例症状不明显，往往不见腹泻，只是突然不吃奶，常在病后数小时死亡；病程稍长者病猪不愿吃奶，行走摇晃，开始排黄色或灰绿色稀粪，后变为红色糊状（图7-79），混有坏死组织碎片及多量小气泡，粪便恶臭，一般体温不高，个别仔猪体温升高达41℃以上。大多数病猪在短期内死亡，极少数能耐过，后恢复健康。

剖检病猪可见肛门周围被黑红色粪便污染，腹腔内有多量呈樱桃红色的腹水。典型病变在小肠（多数在空肠），肠管呈深红色，肠腔内有红黄色或暗红色内容物（图7-80），肠黏膜上附有灰黄色坏死性假膜，浆膜下及肠系膜内积有小气泡，淋巴结肿大、出血。心肌苍白，心外膜有出血点。

图7-79　病猪排红色稀粪

图7-80　肠管的病理变化

该病无良好的治疗药物。预防该病必须严格实行综合卫生防疫措施，加强母猪的饲养管理，做好圈舍及用具的卫生和消毒工作。对于产仔后的母猪，必须将其乳头洗净消毒后再让新生仔猪吃奶。

在发病的猪群中，对妊娠母猪于临产前1个月和15天，各肌内注射仔猪红痢菌苗10毫升，使母猪产生较强的免疫力后，保证在其初乳中产生免疫抗体。这样，初生仔猪吃到初乳后，可获得100%的保护力。也可于仔猪出生后口服高效微生态制剂，以预防仔猪红痢。

160. 怎样防控仔猪黄痢？

仔猪黄痢又称早发性大肠杆菌病，是由一定血清型的大肠杆菌引起的初生仔猪的一种急性、致死性传染病。多发生于1周龄以内的哺乳仔猪，尤以1～3日龄最多，经常1头仔猪发病，很快波及整窝，死亡率极高。

视频11

主要症状病是仔猪突然腹泻，初期排黄色糊状软粪，不久排出的粪便含半透明的黄色液体、腥臭（图7-81）。严重的病猪肛门松弛，大便失禁，眼球下陷，迅速消瘦，皮肤失去弹性，外阴部、会阴部、肛门周围以及股内等处皮肤潮红，很快昏迷而死。发病最早的病猪常在出生后数小时、无腹泻症状而突然死亡。

剖检常见肠炎和败血症变化，肠道黏膜出现急性卡他性炎症，尤其十二指肠最为严重，肠黏膜肿胀，充血、出血，肠壁变薄，肠管松弛；肝脏、肾脏常有小的坏死性病灶；脑部充血或有出血点（图7-82）。

图7-81　病猪排黄色稀粪

图7-82　肠道黏膜出现急性卡他性炎症

该病的防控措施如下：

（1）该病的病程短，发病后常来不及治疗，但如在一窝内发现

1头病猪后立即对全窝仔猪做预防性治疗，可减少损失。常用药物有金霉素、新霉素、磺胺甲基嘧啶等。由于细菌易产生耐药性，最好先分离大肠杆菌做药敏试验，选出最敏感的治疗药品用于治疗。

（2）母猪临产前必须对产房彻底清扫、冲洗、清毒，并垫上干净垫草。母猪产仔后，先把仔猪放入已消毒的产仔箱内，暂不接触母猪，待把母猪乳房、乳头、胸腹及臀部洗净、消毒、擦干，并挤出前几滴乳汁后，再给仔猪固定奶头喂奶。产后3天每天要清扫圈舍2次，清洗、消毒乳房2～3次。

161. 怎样防控仔猪副伤寒？

仔猪副伤寒也称猪沙门氏菌病，是由沙门氏菌引起的仔猪的一种传染病。急性型表现败血症，慢性型表现坏死性肠炎。常发生于6月龄以下仔猪，特别是2～4月龄仔猪多发，一年四季均可发生，多雨潮湿、寒冷、季节交替时发生率高。

急性型（败血型）多见于断奶前后的仔猪，病猪常突然死亡，病程稍长者可见精神沉郁，食欲不振或废绝，喜钻于垫草内，体温升高至41～42℃，鼻、眼有黏性分泌物，病初便秘，后下痢，粪色淡黄、恶臭，有时混有血液。病猪在死前不久其颈、耳、胸下及腹部皮肤呈紫红色（图7-83），后变为蓝紫色，病程4～10天，多数病猪往往因心力衰竭而死亡。

慢性型（肠炎型）最常见，病初病猪减食或不食，体温升高或正常，精神不振，腰背拱起，四肢无力，走路摇摆，经常出现持续性下痢，粪便时干时稀，呈淡黄色、黄褐色或绿色，恶臭，有时混有血液，严重时肛门失

图7-83　急性型病猪耳部皮肤呈紫红色

禁，由于持续下痢，病猪日渐消瘦、衰弱，被毛粗乱无光，行走摇晃，最后极度衰竭而死亡。病猪多在生病后半个月以上死亡，有的病程甚至长达2个月，不死的病猪生长发育停滞，成为僵猪（图7-84）。

剖检急性型病例可见全身淋巴结肿大，呈紫红色，切面外观似大理石状，肝、肾、心外膜及胃、肠黏膜有出血点，病程稍长的病例大肠黏膜有糠麸样坏死物。慢性型病例可见盲肠及结肠有浅平溃疡或坏死（图7-85），周边呈堤状，中央稍凹陷，表面附有糠麸样假膜，多数病灶汇合而形成弥散性纤维素性坏死性肠炎，坏死灶表面干固结痂，不易脱落。

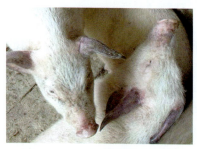 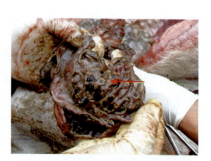

图7-84　慢性型病猪成为僵猪　　　图7-85　慢性型病例结肠黏膜溃疡

该病的防控措施如下：

（1）加强饲养管理，保持圈舍干燥、卫生。喂给猪全价配合饲料，对1月龄以上的仔猪肌内注射仔猪副伤寒冻干弱毒疫苗。

（2）治疗时可根据药敏试验结果选用抗菌药物，如新霉素，每千克体重10～15毫克，每天2次，口服或肌内注射；土霉素，每千克体重0.1克，每天口服2次，连用3～5天；复方新诺明，每千克体重20～25毫克，每天口服2次，连用4～6天。

（3）对已发病的猪隔离饲养；被污染的猪圈可用20%石灰乳或2%氢氧化钠溶液进行消毒；对于已治愈的猪，仍可带菌，所以不能与无病猪群混养。

162. 怎样防控仔猪水肿病？

仔猪水肿病又称猪胃肠水肿，是由病原性大肠杆菌的毒素感染仔猪引起的一种急性、散发性疾病。主要发生于断奶前后的仔猪，常突然发生，病程短，病猪迅速死亡，致死率高；一窝中营养良好和体格健壮的仔猪多发；一般局限于个别猪群，不广泛传播；多见于春季和秋季，发病与饲料和饲养方式的改变、饲料单一或喂给大量精饲料等有关。

临床上早期常突然发现1～2头体壮的仔猪出现精神委顿，减食或停食，病程短促，很快死亡。严重者头顶甚至胸下部出现水肿。有的站立时弓背颤抖，步态蹒跚，渐至不能站立，肌肉震颤，倒地四肢划动如游泳状，发出嘶哑的尖叫声，体温正常或偏低。

多数病猪先后在眼睑、结膜、齿龈、脸部、颈部和腹部皮下出现水肿（图7-86）。病程短者数小时，一般1～2天内死亡，病死率可达90%。

图7-86 病猪眼睑水肿

该病主要病理变化特征是水肿，上下眼睑、颜面、下颌部、头顶部皮下呈灰白色凉粉样水肿。胃的大弯、贲门部水肿，在胃的黏膜层和肌肉层间呈胶冻样水肿；结肠膜及其淋巴结水肿，整个肠间膜呈凉粉样，切开有多量液体流出，肠黏膜红肿，甚至出血（图7-87）。

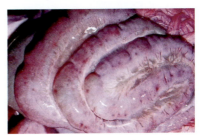

图7-87 肠黏膜水肿、出血

该病的防控措施如下：

（1）对已发病的仔猪无特异治疗方法，初期可口服盐类泻剂，以减少肠内病原菌及其有毒产物，同时可使用抑制致病性大肠杆菌的药物。可用氢化可的松注射液，每千克体重3～5毫克，肌内或静脉注射；或使用地塞米松磷酸钠注射液，每千克体重0.3～0.5毫克，每天2次。用上述药物治疗的同时，配合下列任何一种药物治疗，即每5千克体重内服1片双氢克尿塞，每天2次；或每20千克体重肌内注射磺胺-5-甲氧嘧啶注射液10毫升，每天2次；或每千克体重口服1片复方杆菌净，每天2次。经2～3次用药后，症状就会消失，当仔猪能站立且眼睑水肿已消失时，则停止用药，并注意给足饮水。

（2）仔猪断奶时，要防止饲料和饲养方式的突变，避免饲料过于单一或蛋白质含量过多，多喂青饲料与矿物质；在断奶前1周和断奶后3周，每头每天内服磺胺甲基嘧啶1.5克，可预防该病发生。

163. 怎样防控猪链球菌病？

猪链球菌病是由多种致病性链球菌感染引起的一种人畜共患病。败血症、化脓性淋巴结炎、脑膜炎以及关节炎是该病的主要特征。猪不分年龄、品种和性别均易感，但易在3～12周龄的仔猪暴发流行，尤其在断奶及混群时易出现发病高峰。

在临床诊断上，猪链球菌病主要表现为败血症、脑膜炎、关节炎和淋巴结脓肿。

（1）**败血症型**　主要见于流行初期的最急性病例，病猪发病急、病程短，往往不见任何异常症状而突然死亡。急性病例的病猪表现为精神沉郁，体温升高至43℃，出现稽留热，食欲不振，眼结膜潮红，流泪，流浆液状鼻液，呼吸急促，间有咳嗽，颈部、耳郭、腹下及四肢下端皮肤呈紫红色，有出血点（图7-88），出现

跛行，病程稍长，多在3～5天内死亡，发病率和死亡率都较高。

（2）脑膜炎型　多发生于哺乳仔猪和断奶仔猪，病初体温升高至40.5～42.5℃，不食，便秘，有浆液性和黏液性鼻液。脑膜脑炎型病猪常出现神经症状，表现为运动失调，盲目走动，转圈，空嚼，磨牙，仰卧，后躯麻痹，侧卧于地，四肢划动，似游泳状（图7-89）。

图7-88　急性败血症型病猪皮肤呈紫红色，有出血点

图7-89　脑膜脑炎型病猪倒卧于地，四肢划动

（3）关节炎型　主要由前两型转变，或者从发病起就表现关节炎（图7-90），病猪常出现一肢或几肢关节肿胀、疼痛、跛行，肢体软弱，不能站立，病程2～3周。

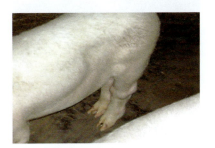

图7-90　关节炎型病猪

（4）淋巴结脓肿型　该型是由猪链球菌经口、鼻及皮肤损伤感染而引起。断奶仔猪和出栏育肥猪多见，传播缓慢，发病率低，但猪群一旦发生很难清除。病猪主要表现为在下颌、咽部、颈部等处的淋巴结化脓和形成脓肿（图7-91），有热痛，根据发生部位不同可影响其采食、咀嚼、吞咽和呼吸。病猪扁桃体发炎时体温可升高至41.5℃以上。

剖检病变败血症型主要为出血性败血症病变和浆膜炎。败血症型链球菌常表现为全身淋巴结肿大、出血；心内膜出血，脾肿大、出血，胃黏膜充血、出血，有溃疡；胸主动脉浆膜出现弥散性出血斑点（图7-92）。脑膜炎型主要为脑膜充血、出血，严重者溢血，少数脑膜下充满积液，脑切面可见白质和灰质有明显的小点出血，其他与败血症型变化相似；慢性型表现心内膜炎时，心瓣增厚，表面粗糙，在瓣上有菜花样赘生物，常见二尖或三尖瓣，有时还见于心房、心室和血管内。关节炎型主要为关节囊内外有黄色胶冻样液体或纤维素性脓性物质。

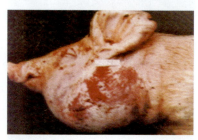

图7-91　淋巴结脓肿型病猪

图7-92　败血症型病例出现浆膜炎

该病的防控措施如下：

（1）加强饲养管理，注意环境卫生，经常对可能污染的环境、用具消毒，及时淘汰病猪。健康猪可用猪链球菌弱毒活菌苗接种。

（2）治疗时可选用青霉素，每千克体重3 000～4 000单位，肌内注射，每天2次，连用3～5天；土霉素，每千克体重0.05～0.1克口服，每天2次；磺胺嘧啶，每天每千克体重80毫克，分3次口服，连用5天。以上药物如能两种药物联合或交叉应用，则效果更好。但必须坚持连续用药和给足药量，否则易复发。

（3）对于病猪体表脓肿的，初期可用5%碘酊或鱼石脂软膏外涂；已成熟的脓肿，可在局部用碘酊消毒后，切开，将浓汁挤尽后撒消炎粉。

164. 怎样防控猪渗出性皮炎？

猪渗出性皮炎是由猪葡萄球菌引发的，发生在哺乳仔猪和刚断奶仔猪的一种急性和超急性传染病。猪葡萄球菌为革兰氏阳性、条件致病菌，常寄居于猪的皮肤、黏膜上，当机体的抵抗力降低或皮肤、黏膜破损时，病菌便乘虚而入，导致发病。

视频12

该病的主要特征为全身性、急性渗出性皮炎（图7-93）。猪突然发病，先是仔猪吻突及眼睑出现点状红斑，后转为黑斑；接着全身出现油性黏性滑液渗出，形成一层黑色痂皮，外观像全身涂了一层煤烟，手触之有接触油脂样感觉，故称为"油皮病"；之后病情更加严重，有的仔猪不会吮乳，有的出现四肢关节肿大，不能站立，全身震颤，最后因脱水、败血、衰竭而死亡。

图7-93 仔猪全身性渗出性皮炎

剖检病猪全身黏胶样渗出，恶臭；全身皮肤形成黑色痂皮，肥厚干裂，痂皮剥离后露出桃红色的真皮组织；体表淋巴结肿大；输尿管扩张，肾盂及输尿管积聚黏液样尿液。

该病的防控措施如下：

（1）注意做好圈舍卫生，母猪进入产房前应先清洗、消毒。母猪产仔后10日龄内应进行带猪消毒1～2次。

（2）接生时修整好初生仔猪的牙齿，断脐、剪尾前都要严格消毒，保证围栏表面不粗糙，采用干燥、柔软的猪床等能降低发病率。对母猪和仔猪的局部损伤应立即进行治疗，有助于预防该病。

（3）发现病猪应迅速隔离，并尽早治疗。可尝试应用青霉素、三甲氧苄氨嘧啶、磺胺类药物或林可霉素、壮观霉素等抗生素肌内注射，连用3～5天。对皮肤有痂皮的病猪用45℃的0.1%高锰酸钾溶液或1：500的百毒杀浸泡5～10分钟，痂皮发软后用毛刷擦拭干净，剥去痂皮，在伤口处涂复方水杨酸软膏或新霉素软膏。对于脱水严重的病猪应及早用葡萄糖生理盐水或口服补液盐补充体液，并保证供足清洁的饮水。

165. 怎样防控猪破伤风？

猪破伤风俗称"锁口风""脐带风"等，是由破伤风梭菌引起的一种人畜共患创伤性传染病。其特征是病猪对外界刺激的反射兴奋性增强，肌肉持续性痉挛。在自然感染时，通常是由小而深的创伤传染而引起，仔猪常在去势后发生。

初发病时局部肌肉或全身肌肉呈轻度强直，病猪行动不便，吃食缓慢。随后病猪四肢僵硬，腰部不灵活，两耳竖立，尾部不活动，瞬膜露出，牙关紧闭，流涎，肌肉发生痉挛（图7-94）。当强行驱赶病猪时，痉挛加剧，并嘶叫，卧地不能起立，出现角弓反张或偏侧反张，很快死亡。

图7-94　病猪肌肉痉挛

该病的防控措施如下：

（1）预防该病发生主要是避免引起创伤，如发生外伤应立即消毒伤口，同时可注射破伤风明矾类毒素或破伤风抗毒素。

（2）治疗破伤风时，首先对感染创伤（腔）进行有效的防腐消毒，彻底清除脓汁、坏死组织等，并用3%过氧化氢、2%高锰酸钾

或5%碘酊消毒创伤（腔）。初期可皮下或静脉注射破伤风抗毒素5 000～20 000国际单位。病情严重时，可用同样剂量重复注射一次或数次。为清除病菌繁殖，初期可注射青霉素或磺胺类药物。

166. 养猪为什么要定期驱虫？

寄生虫病是目前生猪养殖中危害最大的疾病之一，是造成饲料转化率和养殖场经济效益降低的一个重要因素，而且有些寄生虫病人猪共患，直接威胁人体健康，因此猪寄生虫病既是经济性疫病又是公共卫生性疫病。应做好寄生虫病的防治，给猪群定期驱虫，不但可以为养猪户创造更大的经济效益，而且也是保障公共卫生的重要措施。一般新购仔猪在进场后第2周驱虫1次；后备猪进场后第2周驱虫1次，配种前驱虫1次；种公猪每年驱虫3次；空怀母猪在配种前驱虫1次；妊娠母猪在产前2周驱虫1次；生长育肥猪在保育结束转育肥舍前驱虫1次。

167. 怎样防控猪蛔虫病？

猪蛔虫病是由猪蛔虫寄生在猪的小肠中而引起的线虫病。其主要危害3～6月龄的仔猪。该病多因猪吞食被感染性蛔虫卵污染的饲料或饮水而引起。

猪蛔虫幼虫和成虫阶段引起的症状和病变是各不相同的，幼虫移行到肺部时会引起蛔虫性肺炎，临床表现为咳嗽，呼吸加快，体温升高，食欲减退，精神沉郁。当成虫大量寄生时常引起小肠阻塞，猪生长停滞，身体消瘦、贫血、生长发育不良（图7-95），甚至成为僵猪。有时虫体钻入胆管，阻塞胆管，引起腹痛和黄疸。

剖检病猪，虫体寄生少时，一般无显著病理变化。严重感染时，在初期多表现肺炎病变，肺的表面或切面出现暗红色斑点。

由于幼虫的移行，在肝脏表面可看到不定形的灰白色斑点及硬变。如蛔虫钻入胆管，可在胆管内发现虫体。大量成虫寄生于小肠时（图7-96），可见肠黏膜卡他性炎症；如果由于虫体过多引起肠阻塞而造成肠破裂时，可见腹膜炎和腹腔出血。

图7-95　病猪生长发育不良

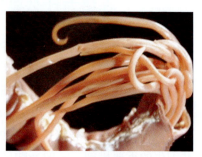

图7-96　寄生在猪小肠中的蛔虫

该病的防控措施如下：

（1）预防猪蛔虫病，要加强猪舍卫生，保持清洁干燥，及时清除猪粪，并将猪粪进行堆积发酵以消灭蛔虫卵。定期驱虫，在仔猪1月龄、5～6月龄和11～12月龄时分别选用左旋咪唑，按每千克体重10克拌入饲料中一次投喂，每天1次，连用2天。母猪可于临产前1个月左右进行一次驱虫，以保护仔猪。

（2）治疗时，可选用精制敌百虫，按每千克体重0.1克（总剂量不超过7克），溶解后拌入少量饲料内，一次投喂；左旋咪唑，每千克体重10毫克，拌入饲料喂服，或5%注射液，每千克体重3～5毫克，皮下注射或肌内注射，每天1次，连用2天；丙硫咪唑，每千克体重15毫克，拌料一次喂服，效果很好。

168.怎样防控猪肺丝虫病？

猪肺丝虫病是后圆线虫寄生在猪的支气管和细支气管内形成

的一种蠕虫病。对猪的危害较大，常引起支气管炎，甚至肺炎，且易并发猪肺疫、猪气喘病等肺部传染病。常呈地方性流行，多因猪采食含有感染性幼虫的蚯蚓而引起。

仔猪感染1个月后主要发生咳嗽，尤其是在早、晚运动或遇到外界温度变化时咳嗽明显。

病猪有时鼻孔流出脓性黏液，眼有分泌物，食欲一般正常，但生长发育停滞，逐渐消瘦；严重时出现呕吐、腹泻、呼吸困难，并有强烈的阵咳；体温间或升高，贫血，黄疸，极度衰弱，最终因衰竭死亡（图7-97）。

图7-97　病猪贫血，极度衰弱

剖检病猪尸体可见支气管末端内部有大量虫体，呈棉絮状，肺叶表面有局限性气肿，有时可引起支气管破裂。

该病的防控措施如下：

（1）加强饲养管理，为防止猪吃到蚯蚓，猪舍及运动场地要经常打扫，注意排水和保持清洁干燥，粪便堆积发酵。猪场定期使用3%草木灰溶液或2%氢氧化钠热溶液消毒，以将可能存在的虫卵杀死，以杜绝蚯蚓的滋生。

（2）在肺丝虫流行地区要进行定期预防性驱虫，仔猪在2～3月龄时驱虫1次，以后每隔2个月驱虫1次。

（3）治疗病猪可选用左旋咪唑，每千克体重7毫克，一次口服或肌内注射。对肺炎严重的病猪，应在驱虫的同时连用青霉素3天；或应用伊维菌素，每千克体重0.2毫克，皮下或肌内注射，一次见效；也可用丙硫苯咪唑，每千克体重10～15毫克，混入饲料口服。

169. 怎样防控猪囊尾蚴病？

猪囊尾蚴病又称猪囊虫病，其猪肉被称为米猪肉或豆猪肉，是由感染人的有钩绦虫的幼虫（猪囊尾蚴）寄生于猪的肌肉组织中而引起，是一种为害严重的人畜共患病。病猪肌肉及内脏器官上都有或多或少的米粒状、乳白色、半透明的水泡囊包，腰肌是囊包虫寄生最多的地方。囊包虫呈石榴籽状，寄生在肌纤维（瘦肉）中，像肉中夹着米粒，故称为米猪肉（图7-98）。

图 7-98　米猪肉

猪囊尾蚴少数寄生于猪体时，症状不显著。病猪眼睑、结膜下、舌部有虫体寄生时，可见到局部肿胀；若舌体有多数虫体寄生时，发生舌麻痹；咬肌寄生量多时，病猪面部增宽，颈部显得短；肩围部寄生量大时，出现前宽后窄；咽喉部受侵时，病猪叫声嘶哑，吞咽困难；脑部有寄生时，出现疼痛、狂躁不安、四肢麻痹等神经症状。以腰肌囊包虫寄生最多。

该病的防控措施如下：

（1）避免猪采食人粪便，人粪便要经过发酵处理后再作肥料；加强市场屠宰检验，禁止出售带有囊尾蚴的猪肉；有成虫寄生的病人要进行驱虫治疗，杜绝病原的传播。

（2）要加强农贸市场的兽医卫生检验，不准出售患囊尾蚴病的病猪肉，接触过病猪肉的手或用具要洗净，以防人感染有钩绦虫。

（3）给病猪用吡喹酮，每千克体重0.2克，口服，或用液状石蜡与该药配成10%的注射液，每千克体重0.1克，肌内注射；也可

用氟苯哒唑，每千克体重8.5～40毫克，口服，每天1次，连用10天，效果较好。

170. 怎样防控猪弓形虫病？

猪弓形虫病是由龚地弓形虫引起的一种原虫病，又称弓形体病。弓形虫病是一种人畜共患病，宿主的种类十分广泛，人和动物的感染率都很高。该病一年四季均可发生，2～4月龄的猪发病率和死亡率较高。

患病初期病猪体温升高到40～42℃，高热稽留，全身症状明显，出现流鼻液、眼结膜充血、体表发红、趾端和耳端发紫、腹泻等症状，呼吸困难，呈犬坐姿势或腹式呼吸，并逐渐消瘦。有的病猪出现癫痫、呕吐、全身不适、震颤、麻痹、不能起立等神经症状。感染的后期病猪体温急剧下降而死亡。病程一般7～10天。妊娠母猪感染后食欲正常，但后肢无力，有时瘫痪（图7-99），甚至引起流产或产死胎。

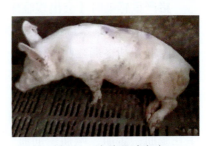

图7-99　病猪后肢瘫痪

剖检病猪最具特征的内部病变是肺水肿，肝脏、脾脏肿大，有点状出血，多发性坏死；淋巴结特别是肺门、胃门、肝门及肠系膜淋巴结肿大、出血、坏死。后期病猪体表各部位，尤其是下腹部、下肢、耳部、尾部出现不同程度的淤血斑或暗紫红色斑块。

该病的防控措施如下：

（1）保持圈舍清洁卫生，并定期清毒，场内禁止养猫，经常开展灭蝇、灭鼠工作；母猪流产的胎儿及排泄物都要深埋或无害化处理。

（2）治疗时用磺胺二甲基嘧啶或磺胺嘧啶，每天每千克体重100毫克，分2次内服（间隔1～2小时）。其他如磺胺甲基嘧啶、制菌磺胺、甲氧苄嘧啶和制菌净等药物对该病的治疗也有疗效。

171. 怎样防控猪旋毛虫病？

猪旋毛虫病是由旋毛虫成虫寄生于猪的小肠、幼虫寄生于横纹肌而引起的人畜共患病。猪主要是由于吃了含有肌肉旋毛虫幼虫包囊的肉屑或鼠类而感染，人主要是由于食入未煮熟的含旋毛虫包囊的猪肉而感染。肉品卫生检验中将旋毛虫列为首要检验项目。

猪严重感染时才会出现临床症状。在感染后3～7天体温升高，腹泻，有时呕吐。病猪消瘦，以后（幼虫进入肌肉引起肌炎）出现肌肉僵硬和疼痛，呼吸困难，声音嘶哑，有时还出现面部浮肿、吞咽困难等症状。有时眼睑和四肢水肿。死亡较少，多于4～6周康复。

剖检可在肌肉旋毛虫常寄生的部位找到包囊，猪旋毛虫常寄生在膈肌、舌肌、喉肌、肋肌、胸肌等处，未钙化的包囊呈露滴状、半透明，较肌肉的色泽淡，以后变成乳白色、灰白色或黄白色。钙化后的包囊为长约1毫米的灰色小结节。

该病的防控措施如下：

（1）加强屠宰卫生检验，不吃生猪肉，捕杀饲养场内的老鼠并焚烧。猪不进行放牧，且应防止接触动物尸体和一些昆虫。

（2）治疗病猪可选用丙硫咪唑，每千克体重10毫克，一次口服；噻苯咪唑，每千克体重60毫克，一次口服，连用5～10天；氟苯咪唑，以125毫克/千克的浓度拌料，连喂10天。

172.怎样防控猪疥癣病？

疥癣病又称螨病，俗称疥疮、癞、癞皮病，是由疥虫寄生在猪的皮肤内所引起的一种慢性皮肤寄生虫病，5月龄以内的仔猪最易感染。

猪疥癣病通常起始于头部、颊及耳部，以后蔓延到背部、躯干两侧及后肢内侧。由于局部发痒，病猪常于墙角、柱栏等处擦痒（图7-100）。数天后，患部皮肤出现针头大小的结节，随后形成水疱或脓疱。当水疱及脓疱破溃后，结成痂皮（图7-101）。最后病猪食欲不振，营养不良，身体消瘦，甚至衰竭死亡。

图7-100　病猪在木桩上擦痒

图7-101　病猪体表形成的痂皮

该病的防控措施如下：

（1）猪圈要保持干燥、光线充足、空气流通。经常刷拭猪体，猪群不可拥挤，并定期消毒栏舍。新购进的猪应仔细检查，经隔离饲养鉴定无病后，方可合群饲养。

（2）发现病猪及时隔离治疗，可用0.5%～1%敌百虫溶液，或将速灭杀丁、敌杀死等药物用水配制成0.02%的浓度，直接涂擦、喷雾患部，隔2～3天用药1次，连用2～3次；或用烟叶或烟梗1份，加水20份，浸泡24小时，再煮1小时，冷却后涂擦患部；也可用硫黄1份、棉粉油10份，混匀后涂擦患部，连用2～3次。

173. 怎样防控猪虱病?

猪虱病是猪虱寄生于猪体表而引起的一种寄生虫病。猪虱多寄生于猪的耳朵周围、体侧、臀部等处,严重时全身均可寄生(图7-102)。

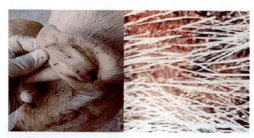

图7-102　猪虱寄生于猪体表

由于猪虱成虫叮咬吸血,刺激皮肤,常引起皮肤发炎,出现小结节,病猪经常摩擦,造成被毛脱落,皮肤损伤。幼龄仔猪感染后,症状比较严重,常因瘙痒不安,影响休息、食欲,甚至影响生长发育。

该病的防控措施如下:

(1)加强饲养管理,经常刷拭猪体,保持清洁。猪舍要经常打扫、消毒,保持通风、干燥。垫草要勤换、常晾晒。对猪群要定期检查,发现有虱病猪,应及时隔离治疗。

(2)杀灭猪虱可选用2%敌百虫溶液涂于患部或喷雾于体表患部;或烟叶1份、水90份,煎成汁涂擦体表。

174. 猪咬尾怎么办?

猪咬尾症又称"反不适综合征"。凡是会引起猪感觉不舒服的各种

环境、营养、心理因素均可造成猪群发生咬尾现象（图7-103）。引起猪发生咬尾的原因很多，如猪在情绪变化时会发生咬尾；饲料中营养不全面或不平衡，尤其是矿物质缺乏时会引起猪咬尾；饲养密度过大、猪舍内空气污浊（空气中氨和二氧化

图7-103　猪咬尾现象

碳浓度过高）、温湿度过高时会发生咬尾；同圈猪个体差异过大，猪相互串圈，气味不同时会发生咬尾；有体内、外寄生虫感染时咬尾；应激反应，如季节变化时也会发生咬尾。猪发生咬尾症时，轻者把尾巴咬剩半截，重者把尾巴整个咬掉，有些猪还会咬耳朵或腹部。被咬伤部位如不及时处理，可引起伤口感染，造成局部炎症和组织坏死，胴体品质降低，甚至因治疗不及时而死亡。

防治该病主要是减少应激和提供均衡营养的配合饲料，定期进行驱虫，降低饲养密度。发生猪咬尾时，可采取以下措施：

（1）将被咬猪的尾部或患部厚涂鱼石脂软膏。

（2）给全群猪鼻孔内喷洒70%的酒精，每隔3小时喷1次。

（3）用味道强烈的来苏儿或含氯的消毒剂消毒猪舍，每天2次。

（4）饲料中另加0.4%～0.5%的食盐、0.3%～0.5%的小苏打，连喂2～3天，饮水要充足。

（5）饮水中加氨基多维或复合多维，连用7天。

（6）在圈内撒一些粒盐，或新砖块。

（7）在圈内放置一个皮球供猪玩耍，以转移其目标。

（8）在圈内悬挂一块铁板，在其旁挂一铁棒，供猪拱玩撞击。

（9）猪群密度适中。

（10）建议仔猪出生时断尾。

175. 猪发生脐疝怎么办？

脐疝又称赫尔尼亚，是指腹腔内的器官（多为肠管和肠系膜等），部分或全部通过天然脐孔陷入皮下所致。由于脐孔闭合不全或未闭锁，加上猪奔跑、挣扎、按压、强烈努责等因素，使腹内压力增大而引起发病，多见于仔猪。

脐疝分为可复性与嵌闭性两种。

（1）**可复性脐疝** 在猪的脐部外表有一囊状物，有一定的伸缩性（图7-104）。囊状物大小不一，柔软，无热痛，能把脱出物还纳进腹腔，同时可摸到脐带轮。

图7-104　猪可复性脐疝

（2）**嵌闭性脐疝** 病猪表现不安，并有呕吐。初期尚有粪便，以后停止排粪，囊状物较硬，有热痛，脱出物只能部分还纳或完全不能还纳。若不及时进行治疗，则治疗效果不佳。

对于可复性脐疝，有的可自愈。若疝囊过大，必须用手术治疗。

手术前应停食1天。手术时一般采取仰卧保定，术部剪毛，洗净，先用5%碘酒消毒，然后用75%酒精涂擦脱碘，一般不用麻醉。术者纵向提起疝囊皮肤，避开阴茎（公猪），切开皮肤（不要割破腹膜），剥离疝囊后将疝囊连同内容物还纳腹腔，用手指或镊子等抵住疝轮口，防止脱出；用刀背轻刮脐带轮，使其出血形成新鲜创面，便于愈合；用较粗丝线，对脐带轮行间断结节缝合，撒消炎粉；最后皮肤作结节缝合，包扎绷带（图7-105）。

若肠管与疝囊发生粘连，则在疝囊上切一小口，细心剥离。当发生嵌闭性脐疝时，切开疝囊后注意检查肠管的颜色变化。如发现肠管坏死，应将坏死肠管切除，行肠管断端吻合，再闭合疝轮。

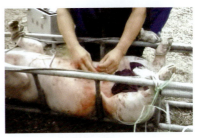

图7-105　猪脐疝手术

手术完毕，向腹腔内注入青霉素、链霉素和0.25%普鲁卡因溶液，以防止肠管粘连。手术后要加强护理，防止伤口污染。病猪在1周内喂食减少1/3，以防止腹压过大，造成伤口裂开。

176. 怎样治疗猪外伤（创伤）？

外伤的原因不同，损害也不同。例如，用棍棒击打猪引起的挫伤，其皮肤仍完整，称为闭合性外伤；锐利器械（叉子、尖刀等）引起的刺伤、割伤等，称为开放性外伤（图7-106）。开放性外伤可见有皮肤裂开或创口，体腔内的脏器也可能发生损伤。若继发感染，则会出现全身性反应，如体温、呼吸、脉搏的变化等。闭合性外伤局部有红、肿、痛，白色猪可见损伤部位皮肤呈暗红或青紫色。

在日常管理中，发现猪有外伤应及时处理。对开放性伤口应将伤口上的污物（被毛、草屑等）及坏死组织清除，再用0.1%高锰酸钾或0.05%新洁尔灭溶液等冲洗消毒，冲洗后撒消炎粉或涂擦一些消炎软膏。

图7-106　猪皮肤开放性外伤

对较深的创伤，将创腔冲洗干净后用纱布条浸泡0.1%雷佛奴尔溶液，塞进伤口内作引流，直至伤口内无炎性渗出物且肉芽组织增生良好为止。闭合性外伤可直接涂抹5%碘酊或鱼石脂软膏等。

177. 母猪难产怎么办？

在给分娩母猪接产过程中，如发现胎衣破裂，羊水流出，母猪较长时间（30分钟以上）用力但仍产不出仔猪，则可能是发生难产（图7-107）。猪的难产多为产力性难产，即分娩时子宫及腹壁的收缩次数少、时间短和强度不够（阵缩及努责微弱），致使胎儿不能排出。有时胎儿的头或四肢已露出阴门外，母猪无力产出；有时经产道检查，可摸到子宫角深处有胎儿。由于子宫收缩力弱，胎儿仍保持血液循环，起初胎儿仍存活，但如久未分娩而不助产，则胎盘循环减弱，胎儿就会死亡，子宫颈口也将缩小，此时必须进行助产或剖腹产。

图7-107　母猪难产

对于猪难产时的助产，应熟练掌握"六字"措施，即推、拉、掏、注、针、剖。

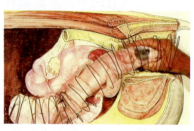

图7-108　母猪难产助产技术——拉

（1）推　接产人员用双手托住母猪的后腹部，伴随母猪的努责，向臀部方向用力推。

（2）拉　在母猪阴道内，能看见仔猪的头或腿时，助产者可用手抓住仔猪的头或腿将仔猪拉出（图7-108）。

（3）掏　母猪较长时间努责，但仔猪仍无法产出时，可用手（5个手指呈锥形）慢慢伸入阴道内掏出仔猪（图7-109）。当掏出1头仔猪，由难产转为正产时，则不要继续掏。掏完后用手把40万单位青霉素抹入母猪阴道内，以防发生阴道炎。

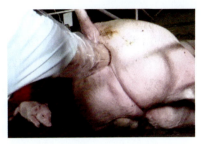

图7-109　母猪难产助产技术——掏

（4）注　给母猪肌内注射垂体后叶素3～5毫升。

（5）针　针刺百会穴。

（6）剖　以上措施均无法使仔猪产出时，应立即实施剖腹产术取出胎儿。

178. 母猪产后患子宫内膜炎怎么办？

母猪产后患子宫内膜炎主要是由于胎衣不下、难产、子宫脱出、助产时消毒不严，以及感染葡萄球菌、链球菌或大肠杆菌等而引起。

急性患猪阴道内流出污红色黏液或黏脓性分泌物。病重猪分泌物呈红褐色，有臭味，常呈排尿姿势。母猪发生慢性子宫内膜炎时，症状不明显，一般不定期从阴道排出混浊的黏性分泌物（图7-110）；发情不正常，有时假发情，屡配不孕。

治疗该病主要是应用抗菌消炎药物，防止感染扩散，并促进子宫收缩，消除子宫腔内的渗出物。

图7-110　母猪阴道排出黏性分泌物

（1）为清除子宫内的渗出物，可每天应用消毒液（如0.1%高锰酸钾溶液，0.05%新洁而灭溶液）冲洗子宫一次，导出冲洗液后再向子宫腔内注入抗生素，如青霉素、链霉素等。

（2）为防止感染扩散，可肌内注射青霉素、链霉素或静脉注射新霉素、四环素。磺胺类药物以磺胺二甲基嘧啶为宜，但用量要大并连续使用，直到病猪体温降至正常并维持2～3天为止。

（3）为增强机体的抵抗力，可静脉注射含糖盐水；补液时可添加5%碳酸氢钠及维生素C，以防止酸中毒及补充机体所需的维生素。

179. 母猪产后缺乳或无乳怎么办？

母猪产后缺乳或无乳主要是由于母猪在妊娠及哺乳期间饲料单一、营养不全，或母猪过早配种，乳腺发育不全，或患乳腺炎、子宫内膜炎和其他传染病而引起，常发生于产后几天之内。

视频13

由于猪泌乳量减少，仔猪吃奶次数增加但仍吃不饱，因此常叼住母猪乳头不放，并发出叫声，甚至咬伤母猪乳头。由于疼痛，母猪常卧在地上，拒绝仔猪吃奶（图7-111），或用鼻子拱、用腿踢仔猪。仔猪吃不饱，影响生长，严重者可饿死。

图7-111　母猪卧地拒绝哺乳仔猪

该病的防治措施如下：

（1）加强饲养管理，喂给母猪营养全面且易消化的饲料，同时适当增加青饲料及多汁饲料的喂量。

（2）对发病母猪，可内服催乳灵10片或妈妈多10片，每天1次，连用2～3天。或将胎

衣用水洗净，煮熟切碎，加适量食盐混入饲料中分3~4次饲喂；或用小鱼、小虾、蛤蜊煮汤掺入饲料喂饲。中草药王不留行40克，穿山甲、白术、通草各15克，白芍、黄芪、党参、当归各20克，研成碎末，混入饲料中饲喂或水煎加红糖灌服。对体温升高、有炎症的母猪，可肌内注射青霉素、链霉素或磺胺类药物。

180. 母猪产后不食或食欲不振怎么办？

母猪产后不食或食欲不振，且饮水减少，表现尿少而黄，粪便较干燥，乳汁分泌量减少。这主要是由于饲料单一，营养不良，母猪产仔时间过长，过度疲劳；或产后喂料太多，母猪出现消化不良；或母猪吞食胎衣，引起消化不良；或产道感染，体温升高，内分泌失调所致。

该病的防治措施如下：

（1）母猪妊娠后期应保持较好的膘情，在哺乳期第1个月要加强营养，防止母猪掉膘过快。

（2）治疗时可选用胃复安，每千克体重1毫克，肌内注射，每天1次，连用3次。在病初可用催产素、氢化可的松肌内注射，同时内服十全大补汤。后期用25%葡萄糖500毫升、三磷酸腺苷40毫克、辅酶A 100单位静脉注射；也可用猪苦胆1个、醋100毫升，将苦胆先用水和匀，再加入醋调匀，灌服；或用中药补中益气汤，外加炒麻仁30克、大黄10克、芒硝30~50克，煎汤灌服。

181. 怎样治疗母猪乳腺炎？

乳腺炎是哺乳母猪常见的一种疾病，多发于一个或几个乳腺，临床上以红、肿、热、痛及泌乳减少为特征。母猪乳腺炎的发病原因是多方面的：母猪腹部疏松下垂，尤其是经产母猪的乳头几乎接近地面，常与地面摩擦受到损伤；或因仔猪吃奶咬伤乳头；或因圈舍不清洁，乳头管或伤口感染细菌（链球菌、葡萄球菌等）。

母猪发生乳腺炎时，患区呈炎性反应，皮肤红热，肿胀发硬（图7-112）；严重者全部乳房和腹下红热胀硬，触摸患部疼痛，并伴有全身症状，体温升高，不食，拒绝哺乳仔猪。初期乳汁稀薄，内混有絮状小块，以后乳汁少而浓，混有白色絮状物。有时乳汁带血丝，甚至变为黄褐色脓液，有臭味。严重者，乳房溃疡，停止泌乳，个别病例体温升高，出现全身症状。

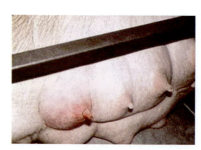

图7-112　乳腺炎患区呈炎性反应

该病的治疗方法如下：

（1）**乳房内注入药液疗法**　先挤净病区内的分泌物和乳汁，然后将青霉素20万～30万单位、链霉素0.2～0.3克溶于20毫升0.25%的普鲁卡因溶液中，将配制好的溶液缓慢注入患病乳头。如果乳腺内分泌物过多或乳汁变化较大，可先注入适量防腐消毒剂（如0.2%高锰酸钾溶液）适量，停留数分钟后挤出，再注入抗菌药物。

（2）**乳房基部封闭疗法**　将青霉素40万单位溶于50～90毫升0.25%普鲁卡因溶液中，进行患病乳房基部注射，每天1～2次。

（3）**全身疗法**　对于病情较重、全身症状明显的病猪，可以青霉素与链霉素、青霉素与新霉素联合应用。

（4）**温敷疗法**　对于非化脓性乳腺炎的急性患病母猪，可将毛巾或纱布等浸入38～42℃药液中，然后敷在患病乳房上，每次30～60分钟，每天2～3次，常用药液有1%～3%醋酸铅溶液等。对乳房硬结处可用鱼石脂软膏或余氏消炎膏等外敷。

182. 猪便秘怎么办？

猪便秘主要是由于猪采食谷糠、稻糠和粉碎不彻底的粗硬饲料，以及饮水不足、运动量少、矿物质缺乏，或因异嗜吞下毛发等，致使肠内容物停滞在某段肠腔，造成肠管阻塞或半阻塞。另外，猪便秘也常见于某些传染病（如猪瘟、猪丹毒）和寄生虫病（如蛔虫病、姜片虫病等）过程中。

病猪表现食欲减退或不食，渴欲增加，胀肚，起卧不安，有的呻吟，呈现腹痛，常努责。初期病猪排少量颗粒状的干粪（图7-113），表面粘有灰色黏液，1～2天后排粪停止。体型小的猪发生结肠便秘，在腹下常能摸到坚硬的粪块或粪球，触及该部位有痛感。

图7-113　病猪排颗粒状干粪

该病的治疗方法如下：

（1）首先解除病因，在大便未恢复正常前禁食，仅供给饮水，若肠道尚无炎症，可用蓖麻油或其他植物油50～80毫升投服；已有肠炎的可灌服液状石蜡50～200毫升，或用温肥皂水深部灌肠。若上述方法无效，可在便秘硬结处经皮肤消毒后，直接用针头刺入硬结部中央，再连接注射器，注射适量液体，15分钟以后，用手指在硬结处揉搓，将结块破碎，然后再肌内注射硫酸新斯的明注射液3～9毫升。

（2）对于直肠便秘，应根据猪体的大小，用手指将粪球掏出。先在手指上涂润滑剂，然后将手指插入病猪肛门，触碰到粪球后，用指尖在粪球中央掏挖，待粪球体积缩小后，掏出粪球。

（3）手术切开肠管，取出阻塞物。

（4）对于继发性便秘，应着重于原发病的治疗。

183. 怎样防治猪中暑？

中暑是日射病和热射病的统称。日射病是指在炎热季节，猪放牧过久或用无盖货车长途运输，使猪受日光直射头部引起脑充血或脑炎，导致中枢神经系统机能严重障碍。热射病是因猪圈内拥挤闷热、通风不良或用密闭的货车运输生猪，使猪体散热受阻，引起严重的中枢神经系统机能紊乱所致。

日射病患猪初期表现精神沉郁，四肢无力，步态不稳，共济失调，突然倒地，四肢做游泳样运动，呼吸急促，心律失调，口吐白沫，常发生痉挛或抽搐而迅速死亡（图7-114）。

热射病患猪初期表现不食，喜饮水，口吐白沫，有的呕吐，继而卧地不起，头颈贴地，有的痉挛、战栗。呼吸浅表或极度困难，以致昏迷（图7-115）。

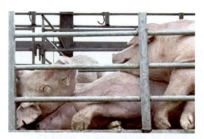

图7-114 日射病患猪口吐白沫

图7-115 热射病患猪昏迷

该病的防治措施如下：

（1）在炎热季节，必须做好饲养管理和防暑工作。栏舍内要保持通风、凉爽，防止潮湿、闷热、拥挤。生猪运输尽可能安排在晚上或早上，并做好各项防暑和急救工作。

（2）发现病猪立即将其放置在阴凉、通风的地方，先用冷水淋其头颈部，或用冷水灌肠；同时，给予大量的1%～2%凉盐水供饮用，并静脉注射200毫升5%葡萄糖生理盐水、5毫升20%安钠咖溶液。伴发肺脏充血及水肿的病猪，先注射5毫升20%安钠咖溶液，然后立即静脉放血100～200毫升，之后静脉注射复方氯化钠溶液100～300毫升，每隔3～4小时重复注射一次；对狂躁不安、心跳加快的病猪，可皮下注射安乃近10毫升。

（3）应用中成药十滴水10～20毫升，一次内服，每天2次，并配合上述药物治疗，对育肥猪的中暑效果明显。

184. 怎样防治仔猪佝偻病？

仔猪佝偻病主要是由于饲料配合不当、饲料中钙、磷和维生素D缺乏，或钙磷比例失调而引起的软骨内骨化障碍性疾病。

病猪初期食欲减退，消化不良，发育缓慢，不愿起立和运动（图7-116），有异嗜癖，常啃吃泥土、石块、砖头、煤渣、烂木头、破布、鸡粪等；舍饲育成猪相互啃咬对方的尾巴、耳朵，舔血。久之，猪被毛粗糙，弓背，磨牙，消瘦，生长发育停滞。

图7-116　病猪卧地不起

剖检死亡病猪可见骨骼变形、增大，软骨增生，骨髓呈红色胶冻样，关节面溃疡，易发生骨折。

该病的防治措施如下：

（1）给猪饲喂富含维生素D和钙、磷的饲料，多饲喂豆科的青绿饲料，在饲料中要补充骨粉、鱼粉。圈舍要保持清洁、干燥、光线充足，特别是大群饲养的猪更应注意多晒太阳。

（2）对病猪可肌内注射维丁胶性钙注射液，每千克体重0.2毫升，隔天1次；肌内注射维生素AD注射液2～3毫升，隔天1次；内服鱼肝油10毫升，每天2次。同时，在饲料中适当增加贝壳粉、蛋壳粉、骨粉等比例，以补充钙、磷的含量。

185. 怎样防治仔猪白肌病？

仔猪白肌病是指仔猪骨骼肌和心肌发生变性、坏死的一种急性非传染性代谢性疾病。多发生于1～2月龄、营养良好、体质健壮的仔猪。病猪肌肉色淡或白色，故称白肌病。一般认为白肌病是由于猪缺乏微量元素硒或维生素E引起的。青饲料供给不足，维生素E供给缺乏，往往会引起维生素E-硒缺乏综合征，使肌肉的代谢过程发生障碍，致使肌纤维变性、坏死。

图7-117　病猪呈犬坐姿势

病猪主要表现食欲减少，精神沉郁，呼吸困难。病程较长的，表现为后肢强硬，拱背，站立困难，前肢常呈跪立或犬坐姿势（图7-117）。严重的病猪坐地不起，后躯麻痹；出现神经症状，表现为转圈运动、头歪向一侧等；呼吸困难，心脏衰弱，最后死亡。

剖检死亡病猪可见其骨骼肌特别是后臀肌、腰肌和背部肌肉变性、色淡，有灰白色或灰黄色条纹。心包积液，心脏扩张，心肌色淡，有灰白色或灰黄色条纹，有的心脏外观呈桑葚样。肝脏肿大，质脆易碎，淤血。

该病的防治措施如下：

（1）注意妊娠母猪的饲料搭配，保证饲料中微量元素硒和维生素E等添加剂的含量。有条件的地方，可饲喂一些含维生素E较

多的青饲料，如种子的胚芽和优质豆科干草等。对泌乳母猪，可在饲料中加入一定量的亚硝酸钠（每次10毫克）。在缺硒地区，仔猪出生后第3天可肌内注射亚硒酸钠注射液1毫升。

（2）对病猪可用0.1%亚硒酸钠注射液，每头仔猪肌内注射3毫升，20天后重复一次。同时，每头仔猪肌内注射维生素E注射液50～100毫克。

186. 怎样给僵猪脱僵？

僵猪又称小老猪。在猪生长发育的某一阶段，由于遭到某些不利因素的影响，猪长期发育停滞，虽然饲养时间较长，但仍体型小、被毛粗乱、极度消瘦，形成两头尖、中间粗的"刺猬猪"。这种猪吃得少、长得慢，或者只吃不长，给养猪生产带来很大损失。造成僵猪的原因很多，主要有以下几种：

（1）"胎僵猪"　胎僵猪多是母猪在妊娠期饲养不良，母体内的营养供给不能满足胎儿生长发育的需要，致使胎儿发育受阻，生产出初生重很小的仔猪（图7-118）。

（2）"奶僵猪"　母猪泌乳不足，或仔猪管理不善，初生弱小的仔猪吸吮不到初乳或吸吮干瘪的乳头，容易发生"奶僵"而成为奶僵猪（图7-119）。

图7-118　胎僵猪

图7-119　奶僵猪（箭头所示）

（3）"病僵猪" 仔猪长期患寄生虫病或代谢性疾病等时易使其生长受阻，形成"病僵"（图7-120）。

（4）"食僵猪" 仔猪断奶后饲料单一、营养不全，特别是缺乏蛋白质、矿物质和维生素等营养物质时，可导致断奶后仔猪长期发育停滞而形成"食僵"（图7-121）。

图7-120 病僵猪（箭头所示）

图7-121 食僵猪

该病的防治措施如下：

（1）加强母猪妊娠后期和泌乳期的饲养管理，保证仔猪在胎儿期能获得充分发育，在哺乳期能吃到较多营养丰富的乳汁。

（2）合理地给哺乳仔猪固定乳头，提早补料，提高仔猪断奶体重，以保证仔猪能健康生长发育。

（3）做好仔猪的断奶工作，做到饲料、环境和饲养管理措施的逐渐过渡，避免断奶仔猪产生各种应激反应。

（4）保持环境卫生，保证母猪舍温暖、干燥、空气新鲜、阳光充足。做好各种疾病的预防工作，并定期驱虫，减少仔猪疾病。

脱僵措施如下：

（1）发现僵猪及时分析致僵原因，排除致僵因素，单独培养；加强管理，驱虫治病；改善营养，补喂促生长饲料添加剂，以促进机体生理机能的调节，恢复正常的生长发育。

（2）给僵猪连喂7天0.75%～1.25%土霉素；待其发育正常后增加0.4%土霉素，每月1次，连喂5次；并适当增加动物性饲料和

健胃药，以达到健胃、促进食欲、增加营养的目的。同时，加倍使用复合维生素添加剂、微量元素添加剂、生长促进剂和催肥剂，促使僵猪脱僵，加速其生长育肥。

187. 怎样防治猪的矿物质、微量元素及维生素缺乏症？

在饲料单一或配合饲料质量不好的饲养条件下，猪常会发生矿物质、微量元素及维生素缺乏，常见的症状有以下几种：

（1）矿物质及微量元素缺乏

①钙磷缺乏症：猪钙磷缺乏主要表现佝偻病和骨软症。佝偻病主要发生于新生仔猪（参见本书第184问）。骨软症常见于成年母猪，易发生于泌乳中期和后期，病猪表现为后躯麻痹、跛行，盆骨、股骨、腰荐部椎骨等易发生骨折。

该病的防治措施如下：

A. 根据生长、妊娠和泌乳等不同生长或生理期，按照饲养标准补足钙、磷及维生素D，并注意饲料中的钙磷比例。猪圈要通风良好、光照充足。

B. 饲喂磷酸二氢钙，成年妊娠母猪每天每头50克，仔猪每头10克；仔猪可饲喂鱼肝油，每天2次，每次一茶匙，或每天饲喂骨粉10～30克。

②铁缺乏症：铁缺乏主要发生于仔猪。病猪表现贫血，血液中红细胞减少，血红蛋白下降到5%以下，血色指数低于1，并出现异形红细胞、多染红细胞及有核红细胞，网组织细胞增多，同时血液稀薄、色淡、凝固性降低。

该病的防治措施如下：

A. 补饲铁盐，如硫酸亚铁、乳酸亚铁、柠檬酸铁、酒石酸铁或葡萄糖酸铁；也可在圈舍内堆放一些含铁的红黏土，让仔猪自由拱食，以预防缺铁性贫血（图7-122）。

B. 哺乳仔猪的缺铁性贫血可以通过肌内注射含铁的多糖化合物来预防。

③铜缺乏症：猪铜缺乏主要表现为贫血，心肌萎缩，腹泻，食欲消失，生长缓慢，被

图7-122　仔猪拱食含铁的红黏土

毛粗乱（图7-123），伴有异嗜癖等症状。

治疗该病可以用硫酸铜1.0克，硫酸亚铁2.5克，温开水1 000毫升，混合过滤后喂仔猪或涂擦在母猪乳头上让仔猪舔食；或按每千克体重用氯化钴、硫酸亚铁各1.0克，硫酸铜0.5克，溶入100毫升凉开水中，供全窝仔猪内服。

④锌缺乏症：猪锌缺乏时表现皮肤粗糙，食欲减退，皮肤角化不全、痂皮增生、皲裂（图7-124），被毛异常，生长发育缓慢乃至停滞，创伤愈合缓慢，生产性能减退，繁殖机能异常，免疫功能缺陷以及胚胎畸形。

图7-123　仔猪生长缓慢、被毛粗乱

图7-124　猪锌缺乏时皮肤痂皮增生、皲裂

治疗该病可以按每千克体重肌内注射碳酸锌2～4毫克，每天1次，连续使用10天，一个疗程即可见效。对皮肤角化不全和因锌

缺乏引起的皮肤损伤，可每头内服硫酸锌0.2～0.5克，数天后即可见效，经过数周治疗，损伤可完全恢复。

⑤碘缺乏症：碘缺乏多发生于新生仔猪，表现为全身无毛，头、颈、肩部皮肤增厚、水肿，体弱无力。仔猪常于出生后几小时内死亡。存活仔猪则表现嗜睡、生长发育不良、四肢无力、行走摇摆等。

该病的防治措施如下：

A. 结晶碘1.0克，碘化钾2.0克，放入250毫升水中，溶解后加水至25千克，喷洒于1周所用的饲料中，每头猪按20毫升计算，用于大群预防。

B. 治疗时可在母猪日粮中加碘化钾，每周加0.2克。仔猪可每天给予碘酊1～2克，内服。

(2) 维生素缺乏

①维生素A缺乏症：多是因为猪发生慢性肠道疾病而引起，以夜盲症、干眼病、角膜角化、皮肤粗糙、皮屑增多、生长缓慢、繁殖机能障碍及脑和脊髓受压（表现为明显的神经症状，头颈向一侧歪斜，步样蹒跚，共济失调，不久即倒地并发出尖叫声）为特征，仔猪及育肥猪易发，成猪少发。母猪维生素A缺乏时，则表现发情持续期延长，妊娠母猪往往引起流产、早产、产死胎或瞎眼猪、畸形胎（图7-125）。公猪缺乏维生素A则表现性欲下降、精子活力低。

该病的防治措施如下：

A. 保证青绿饲料的供应，在缺乏青绿饲料的冬季可补饲胡萝卜等。

B. 可使用维生素A注射液，成年猪2万～5万国际单位，仔猪1万～2万国际单位，肌内注

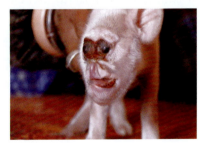

图7-125　母猪所产的畸形胎

射，连用1周；维生素AD注射液，母猪2～5毫升，仔猪1～5毫升，肌内注射，隔天1次；鱼肝油，妊娠母猪15～40毫升，仔猪1～5毫升，拌料喂服，每天1次，连用10～15天。重病者还可以直接滴服浓鱼肝油，每天数滴，连用数天。对尚未吃食的仔猪，可灌服鱼肝油2～5毫升。

②维生素B_1缺乏症：初期病猪食欲不振，生长不良，腹泻，心跳加快，跛行（以后肢多见），表现多发性神经炎；后期出现肌肉萎缩，四肢麻痹，急剧消瘦，最后死亡。

该病的防治措施如下：

A. 日粮内应保证有麸皮、米糠等富含维生素B_1的饲料供应，不能单独饲喂玉米。多饲喂青绿饲料，亦可预防维生素B_1缺乏。

B. 给病猪按每千克体重皮下注射或肌内注射硫胺素（维生素B_1）0.25～0.5毫克。

③维生素B_2（核黄素）缺乏症：猪缺乏维生素B_2时，主要表现生长迟缓，白内障，肢蹄弯曲、强直等症状。病久者常出现皮肤增厚，皮疹，鳞屑，溃疡及被毛粗乱（图7-126）。母猪缺乏维生素B_2时，主要表现食欲减退，不发情或早产，胚胎死亡或被重吸收，泌乳能力降低等症状。

图7-126　猪维生素B_2缺乏时皮肤增厚、被毛粗乱

防治该病可在饲料中添加核黄素。猪的需要量为每天每千克体重6～8毫克，每吨饲料中补充2～3克核黄素即可满足其需要。

④维生素B_{12}缺乏症：猪缺乏维生素B_{12}时主要表现为厌食，生长停滞，神经性障碍，应激增加，运动失调，以及后腿软弱，皮肤粗糙，身上有湿疹样皮炎，严重者出现贫血。仔猪缺乏维生素B_{12}主要表现生长发育不良，生殖能力降低等症状（图7-127）。

剖检死亡病猪可见肝细胞坏死及脂肪肝。

该病的防治措施如下：

A. 可在每吨饲料中补充维生素B_{12} 1～5毫克。育肥猪和生殖泌乳阶段的母猪，可在日粮中适量补充动物性蛋白，如鱼粉或肉粉，可以满足其对维生素B_{12}的需要。

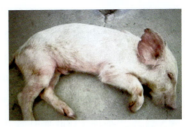

图7-127　仔猪缺乏维生素B_{12}表现生长发育不良

B. 治疗时可肌内注射维生素B_{12}，每头猪0.3～0.4毫克，隔天1次，连用3～5次。

⑤维生素D缺乏症：参见本书第183问。

⑥维生素E缺乏症：参见本书第184问。

188. 怎样防治仔猪中毒性消化不良？

仔猪中毒性消化不良多是由于单纯性消化不良治疗不当或不及时，导致肠内容物发酵，形成的有毒物质被吸收后引起机体中毒造成的结果。

临床上病猪主要表现严重的消化障碍和营养不良，以及明显的自体中毒等全身症状。患病仔猪精神沉郁，食欲废绝，体温升高，反应迟钝，全身震颤，有时出现短时间的痉挛；严重腹泻，排水样稀粪，粪便内含有大量黏液，有恶臭和腐臭味。久之，病猪肛门松弛，皮肤弹性下降，眼球下陷，心跳加快，脉细弱，呼吸浅表急速。病后期，病猪体温下降，最后昏迷而死亡（图7-128）。

图7-128　仔猪中毒性消化不良导致昏迷

仔猪出现消化不良的病因是多方面的，故对该病的治疗应采取食物疗法、药物疗法及改善卫生条件等综合措施。

改善哺乳母猪的饲养环境，增加干燥、清洁的褥草等。为排出胃肠内容物，对腹泻不甚严重的仔猪，可内服甘汞（每千克体重0.01克）。为促进消化，可内服人工胃液（胃蛋白酶10克，稀盐酸5毫升，溶于1 000毫升饮用水中）10～30毫升。为防止肠道感染，可选用抗生素（链霉素、卡那霉素、土霉素、痢特灵、磺胺类药物）治疗。对腹泻不止的仔猪可内服止泻剂（如明矾、鞣酸蛋白、次硝酸铋等）。为防止仔猪机体脱水，可静脉注射或腹腔注射10%葡萄糖溶液或0.9%氯化钠溶液。

189. 怎样防治猪应激综合征？

猪应激综合征是猪受到不良因素的刺激后产生的非特异性应激反应。当猪受到一些异常刺激，如长途运输、驱赶、捆绑、恐惧、注射、转群以及环境突然改变、饲料中缺乏维生素及微量元素等，都会引起该病。该病最常发生于瘦肉型、肌肉丰满、腿短股圆而身体结实的猪，如皮特兰猪、兰德瑞斯猪的某些品系。

根据应激的性质、程度和持续时间，猪应激综合征的表现形式有以下几种类型：

（1）猝死型（或突毙） 该病多发生于猪受到运输、预防注射、配种、产仔等强应激原的刺激时。病猪常无任何临床病征而突然死亡，死后病变不明显。剖检可见某些肌肉色泽灰白、质地松软、失去弹性，且表面有汁液渗出，也称白肌肉，或"水煮样"肉。

（2）恶性高热型 此类型应激多发于拥挤和炎热的季节。急性病例，外表发育良好，易呕吐，胃内容物带血，粪呈煤焦油状；

有的胃内大出血，体温下降，黏膜和体表皮肤苍白（图7-129），突然死亡。慢性病例，食欲不振，体弱，行动迟钝，有时腹痛，弓背伏地，排出暗褐色粪便。

（3）**白猪肉型**　病猪最初表现尾部快速颤抖，全身强拘而伴有肌肉僵硬，皮肤出现形状不规则的苍白区和红斑区，然后转为发绀。严重者呼吸困难，甚至张口呼吸，体温升高，虚脱而死。死后很快尸僵，关节不能屈伸，剖检发现猪肉品质异常（图7-130）。

图7-129　猪发生恶性高热型应激后体表皮肤苍白

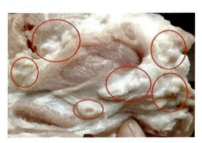

图7-130　白猪肉型应激剖检可见猪肉异常

（4）**胃溃疡型**　猪受应激作用引起胃泌素分泌旺盛，形成自体消化，导致胃黏膜发生糜烂和溃疡，甚至胃壁穿孔（图7-131），继发腹膜炎而死亡。病猪体温过高，皮肤潮红，有的呈现紫斑，黏膜发绀，全身颤抖，肌肉僵硬，呼吸困难，心搏过速，发生过速性心律不齐直至死亡。死后出现尸僵，尸体腐败比正常情况快；内脏充血，心包积液，肺脏充血、水肿。

图7-131　猪发生胃溃疡型应激后剖检可见胃黏膜溃疡穿孔

（5）**急性肠炎水肿型** 临床上常见的仔猪下痢、猪水肿病等多为大肠杆菌引起，但与应激反应有关。因为在应激过程中，机体防卫机能降低，大肠杆菌即成条件致病因素，导致猪体发生非特异性炎性病理过程（图7-132）。

图7-132　急性肠炎水肿型应激导致病猪腹泻

（6）**慢性型** 由于应激强度不大，持续或间断引起的反应轻微，易被忽视。实际上，此类应激在猪体内已经形成不良的累积效应，致使猪的生产性能降低，防卫机能减弱，容易继发感染，从而引起各种疾病的发生。

初期病猪表现不安，肌肉和尾巴震颤，皮肤有时出现红斑，体温升高，黏膜发绀，食欲减退或不良；后期肌肉僵硬，站立困难，眼球突出，全身无力，呈休克状态。严重的病例，无任何症状病猪就突然死亡，大多数病猪在0.5～1.5小时内死亡。

剖检可见绝大多数病猪肌肉苍白、质软、有水分渗出。

该病的防治措施如下：

（1）加强饲养管理，尽量减少或避免各种应激因素对猪的刺激。

（2）治疗原则是镇静和补充皮质激素。发现病猪，早期应立即将其转移到非应激环境中，用凉水喷洒皮肤。症状轻微的猪可自行恢复，但皮肤发紫、肌肉僵硬的猪则必须使用镇静剂、皮质激素和抗应激药物。例如，选用盐酸氯丙嗪作为镇静剂，剂量为每千克体重1～2毫克，一次肌内注射；或安定，每千克体重1～7毫克，一次肌内注射；或盐酸苯海拉明注射液，每头猪2～3毫升，肌内注射。同时应用5%碳酸氢钠注射液防止酸中毒，每头猪100毫升，静脉注射；也可选用维生素C、亚硒酸钠维生素E合剂、水杨酸钠，或使用抗生素以防继发感染。

190. 怎样防治猪支气管炎？

　　猪支气管炎主要是由支气管黏膜表层或深层的炎症所致。多因猪舍狭小、猪群拥挤、气候突变等因素致使猪吸入有刺激性的空气而发病；也可继发于感冒、肺炎、喉炎、流感等疾病。多发生于早春、晚秋季节和气候变化剧烈时，以仔猪的发病率较高。

　　病初患猪表现为干性咳嗽，3～4天后随渗出物的增多变为湿性咳嗽。初期呈浆液性鼻漏，以后变为黏液性或黏液脓性。重者食欲降低，呼吸困难，体温升高。若转为慢性，则病猪一般体温无变化，主要表现为持续咳嗽、流涕，症状时轻时重，日久消瘦（图7-133）。

图7-133　猪支气管炎导致猪体消瘦

　　该病的防治措施如下：

　　（1）保持猪舍清洁和通风良好，注意保温，防止猪群拥挤，预防感冒。

　　（2）对病猪抗菌消炎，可肌内注射青霉素1万～1.5万单位，每天2次；或选用盐酸土霉素，每千克体重5～10毫克，溶于5%葡萄糖溶液中，肌内注射；或肌内注射10%磺胺嘧啶钠注射液，首次量为30～60毫升，以后每6～12小时注射20～40毫升，每天注射1～2次。用于祛痰止咳，可选用复方甘草合剂10～20毫升，内服，每天2次；或氯化铵、碳酸氢钠各10克，混匀后分为2包，每天内服2次，每次1包。用于止喘，可用3%盐酸麻黄素1～2毫升，肌内注射。

八、

家庭猪场的经营管理

191. 猪场经营管理的基本内容有哪些？

就猪场内部的生产而言，猪场经营管理的主要内容包括计划管理、劳动管理、财务管理、经济核算、技术及经济活动分析、市场预测、经济合同、保险业务和科学决策等。

192. 如何科学合理地确定猪群结构？

猪群结构是指各类猪在全部猪群中所占的比例关系。为了保证猪场生产顺利进行，降低饲养成本，提高养猪经济效益，必须科学合理地确定猪群结构。

（1）必须根据猪场的生产任务，即出栏商品猪或提供仔猪的头数，确定基础母猪的饲养量。可按每头基础母猪年产2胎，每胎提供育成仔猪8～10头（平均为9头），育肥期成活率96%～98%（平均为97%）的比例计算，即：

$$生产任务 \div 97\% = 育成仔猪数$$

$$育成仔猪数 \div 9 \div 2 = 基础母猪数$$

（2）确定公、母猪的比例（图8-1）。

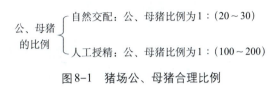

图8-1　猪场公、母猪合理比例

（3）后备公、母猪的选留比例目前国内一般基础母猪年淘汰率为25%，种公猪年淘汰率为33%，所以后备猪的选留数量应按每年淘汰和补充的基础母猪和种公猪数量的1～2倍进行控制，且品质优良的青壮年（1.5～4岁）公、母猪在基础母猪群中应保持80%～85%的比例。

193. 养猪为什么要进行市场预测？

市场预测的主要任务是通过对现有各种资料和市场信息的分析研究，利用适当的数学模型，来推测未来一定时期内市场对某种产品的需求变化的趋势，从而为企业制订生产计划和做出各项经营决策提供依据。大多数家庭猪场所经营的均是商品猪，因此必须积极开展市场预测工作。只有对未来的市场行情、猪产品供需等方面进行科学的预测，才能做到心中有数，确定适当的经营目标，制订比较合理的生产计划。

194. 怎样进行市场预测？

要进行市场预测，经营者必须懂得一些有关生猪市场营销的知识和行情，及时掌握生猪及其产品在本地市场、省内外市场的动向以及消费者需求的变化，从而决定自己的经营策略和经营方法。

掌握市场的动向包括三个方面：一是一个时期（几个月甚至几年）生猪生产总的发展趋势和市场趋势；二是当前全国总的市场动向；三是生猪产区的市场动向。

一个时期生猪市场变化总的趋势，对家庭猪场经营策略的选择至关重要。虽然家庭猪场的产品比较单一，主要是商品猪，但也会涉及品种选择、养猪规模大小等问题；另外还涉及何时出栏、供应何种配套饲料等问题。要解决这些问题，就要对当前市场上包括产区当地和邻近市（县）生猪、猪肉及饲料等商品供求关系的变动情况了如指掌，而后才能安排好自己的养猪计划。

农民习惯于根据仔猪价格的涨跌来判断市场动向，认为仔猪价高，表明养猪者多，于是市场上仔猪供不应求；相反，仔猪价低，说明养猪户不愿多养猪，将会出现仔猪供过于求的情况。在养猪过程中，仅根据仔猪价格不足以判断生猪市场走势，随着市场经济的发展，销售生猪不仅限于产区市场，还与全国市场甚至国际市场有密切关系。因此，必须多方面观察，综合研究，把握一定时期内养猪业的市场动向。

195. 家庭猪场为什么要进行成本核算？

（1）家庭猪场与农户副业养猪不同，他们养猪不是为了肥田，而是为了获取尽可能多的利润。如果养猪盈利少，家庭猪场就会少养猪，甚至不养猪。

（2）在市场经济条件下，养猪者之间的竞争更加激烈，于是经营管理问题也更为突出。在这种情形下，谁善于经营管理，谁就能适应市场需要，实现更多的盈利。

（3）通过成本核算，经营者能不断考核自己的经营成果，发现存在的问题，寻找解决问题的科学依据，提出今后发展养猪生产的最佳方案，提高经济效益。

196. 如何分析猪场的经济效益？

作为猪场的管理者，必须能够科学地分析猪场的经济效益，明确猪场盈利或亏损的真正原因，从而做出正确的决策。影响猪场经济效益的因素很多，主要包括管理、环境、品种、营养、疫病等方面。

(1) 管理　猪场的管理是首要的，尤其是对于规模化猪场，有一位真正懂得管理的场长是办好猪场的前提条件。猪场的管理包括对人的管理与对猪的饲养管理。

(2) 环境　环境是影响养猪的重要因素，包括大环境与小环境。大环境是指养猪的形势、政策、市场等；小环境是指猪场周围的防疫环境、环保环境等。猪粮价是影响猪场经济效益的重要市场因素，从业者习惯上把活猪（毛猪）价格与玉米价格的比称为猪粮价，其盈亏临界点约为5.5∶1。猪粮价大于5.5∶1时就盈利，低于5.5∶1则亏损。

(3) 品种　猪种的选择至关重要，目前大多数规模猪场采用的是杜长大三元猪，散养户采用的是杜长太三元猪。此类品种育肥猪生长快、料重比低、效益高。

(4) 营养　营养是猪生长、发育和繁殖的基础，只有科学地配制饲料才能保证猪获得均衡的营养。一般的猪场，从种猪、仔猪到育肥猪，全程采用全价颗粒饲料，安全性能好、性价比高。无论采用哪种饲料都要做对比试验，通过衡量性价比来进行选择。

(5) 疫病　疫病控制是猪场的生命线，然而，很多猪场将经济效益不好归咎于疫病流行。其实，猪病问题归根结底是饲养管理的问题，俗话说"六分养，三分防，一分治"，饲养管理好的猪场猪病就少，效益相对较高。猪场疫病控制的关键是实行全进全出制，严格执行免疫程序，做好预防保健，注重生物安全。

另外，猪场要有完善的生产报表，管理者还应熟练掌握猪场的生产统计方法，进而分析猪场的生产情况和经济效益。

197. 怎样降低养猪成本？

降低养猪成本主要有两个途径：一是提高产量；二是尽可能降低成本。为了达到降低成本的目的，在采用先进技术措施的同时，要积极改善经营管理，具体措施有以下几点：

（1）根据猪的生长发育特点，制定适合本地区、价格便宜的饲料配方，可降低饲料成本。

（2）实行自繁自养，可以降低育肥用断奶仔猪的成本，减少疫病发生概率，从而降低饲养成本。

（3）在保证生产的前提下，节约其他各项开支，压缩非生产费用，这也是降低成本的重要途径。第一，充分合理地利用猪舍和各种机具及其他生产设备，尽可能减少产品所分摊的折旧费用；第二，节约使用各种原材料，以降低消耗、减少浪费，其中包括饲料费、垫草费、燃料费、医药费等；第三，努力提高出勤率和劳动生产率，在实行工资制的劳动制度下，出勤率和劳动生产率越高，产品分摊的工资成本越少；第四，尽可能精简非生产人员，节约企业管理费用。

（4）采用科学的管理技术，为猪的生长育肥创造适宜的条件，加快猪的生长速度，缩短饲养期，也能相对地降低饲养成本。

198. 提高养猪经济效益的主要途径有哪些？

要提高猪场的经济效益，既要制定正确的经营决策，使产品具备市场竞争能力，销路通畅；又要采用先进的科学技术，提高产量，降低成本，同时还要做好生产中的经营管理工作。

（1）**家庭猪场的经营规模要适度**　家庭猪场经营规模的大小与经济效益的高低并不是始终成正比，只有当生产要素的投入规模与猪场经营管理水平相适应，而产品又适应市场需求时，才能获得最佳的经济效益。

（2）**选择优良猪种**　这是提高养猪生产经济效益的有效措施之一。选择猪种时应根据本地的具体情况，如饲料条件、市场对生猪及其产品的需求情况等，选择经对比试验筛选的生长快、适应好的二元或三元杂交猪作为育肥猪，这样每天每头猪能节约饲料3.0～4.5千克。

（3）**科学饲养管理**　家庭猪场为适应自己的经营规模，提高经济效益，必须讲究科学养猪，除选择良种猪饲养以外，还要饲喂全价配合饲料，实行科学管理，掌握适时屠宰和出售，提高出肉率。

（4）**扩大饲料来源和提高饲料报酬**　饲料成本占猪场总成本的70%～80%。饲料的优劣在很大程度上影响猪生产性能的发挥，其质量和价格是养猪生产经营成败的决定因素之一。因此，除购买全价配合饲料并尽可能节约饲料、减少浪费外，还要尽可能扩大饲料来源，如选用糟渣、麦麸、米糠、蚕蛹等喂猪。

（5）**掌握市场信息，开展多种经营**　家庭猪场要做到生猪适时出栏销售，降低饲养成本，就必须掌握市场信息；同时应开展多种经营，重视养猪生产、加工、销售等各个环节，因地制宜地围绕主业开展副业，以副业补充主业，开源节流，增加经济效益。

白玉坤，等，2003.肉猪高效饲养与疫病监控［M］.北京：中国农业大学出版社.

蔡宝祥，等，2001.家畜传染病学［M］.4版.北京：中国农业出版社.

陈清明，等，1997.现代养猪生产［M］.北京：中国农业大学出版社.

段诚中，等，2000.规模化养猪新技术［M］.北京：中国农业出版社.

黄瑞华，等，2003.生猪无公害饲养综合技术［M］.北京：中国农业出版社.

李德发，等，2000.猪的营养［M］.北京：中国农业大学出版社.

李同洲，2000.科学养猪［M］.北京：中国农业大学出版社.

李震中，2000.畜牧场生产与畜舍设计［M］.北京：中国农业出版社.

刘海良，等，1998.养猪生产［M］.成都：四川科学技术出版社.

苏振环，2004.现代养猪实用百科全书［M］.北京：中国农业出版社.

王爱国，2009.现代实用养猪技术［M］.北京：中国农业出版社.

杨公社，2004.绿色养猪新技术［M］.北京：中国农业出版社.

杨子森，等，2008.现代养猪大全［M］.北京：中国农业出版社.

于桂阳，等，2011.养猪与猪病防治［M］.北京：中国农业大学出版社.

贠红梅，等，2015.图说如何高效养猪［M］.北京：中国农业出版社.

赵书广，等，2003.中国养猪大成［M］.北京：中国农业出版社.

周元军，2010.轻轻松松学养猪［M］.北京：中国农业出版社.

周元军，等，2015.高效养猪你问我答［M］.北京：机械工业出版社.

周元军，等，2019.养猪300问［M］.北京：中国农业出版社.

图书在版编目（CIP）数据

生猪高效养殖问答一本通／周元军，史耀旭编著
．—北京：中国农业出版社，2024.1
（视频图文学养殖丛书）
ISBN 978−7−109−31822−9

Ⅰ.①生…　Ⅱ.①周…　②史…　Ⅲ.①养猪学－问题
解答　Ⅳ.①S828−44

中国国家版本馆CIP数据核字（2024）第050573号

中国农业出版社出版
地址：北京市朝阳区麦子店街18号楼
邮编：100125
责任编辑：王森鹤　周晓艳
版式设计：杨　婧　责任校对：吴丽婷
印刷：北京缤索印刷有限公司
版次：2024年1月第1版
印次：2024年1月北京第1次印刷
发行：新华书店北京发行所
开本：880mm×1230mm　1/32
印张：7.25
字数：190千字
定价：48.00元
